広葉樹の文化

雑木林は宝の山である

広葉樹文化協会 編
岸本 潤・作野友康・古川郁夫 監修

海青社

伯耆大山・新緑中のブナ大樹

鳥取市生山の枝垂桜

四季の森・柴木蓮

鳥取・県民文化会館駐車場のムクノキ

ふる里の森・ブナの大樹

カエデを抽いて伸びるブナ

鳥取・気高町の大タブノキ

（口絵写真撮影：安藤文隆氏）

まえがき

日本人の暮らしにもっとも身近な関係にある広葉樹林・里山の雑木林について、現代社会は今どのような対応をしているだろうか。

二十一世紀に入って、環境問題が声高に叫ばれるようになってから森林環境も広く論及されるようになってきたが、「広葉樹復権の活動」は依然として鈍いままに推移していると言わざるを得ない。

森林の中でも広葉樹林が人間の生活にどれほど根深く関わってきたか、とくに日本人の暮らしと性格の形成にどれほど強く関わってきたか、このことについてじっくりと考えてみるべき時である。

今もっとも急がれることは、日本の農耕社会と数千年に亘り共生してきた広葉樹林・里山の雑木林が、農耕の劇的な体質変化によってその共生を解かれ放置状態にあることをしっかりと認識することである。

そしてこの森の放置状態をどうとどめ、どう賦活するかの方策を樹立することである。

四季の変化のはっきりとある「美しい国日本」という、その美しさを担ってきた広葉樹林。里山の雑木林は農耕と共生してきたからこそ四季の変化を維持してきた。

現代社会はしかしそのことを忘れている。

猛烈な勢いで走り出している工業化社会の現代日本が、「美しい国日本」を維持していくつもりなら、農耕社会が里山の雑木林の維持に尽くしていた共生の仕組みを点検し、そのことを現代社会でどう実現するかを真剣に追求しなければならない。

里山の雑木林は弥生以来、日本人のいわば手塩にかけた人為の自然二次林なのである。手を抜けばこの森はやがて先祖帰りをし、四季の変化の乏しい森となってしまう。

現代社会と里山の雑木林はどういう形でその共生の図式を成立させることができるだろうか。今こそ衆知を集めてその「かたち」を創生しなければならぬ時である。

「里山の雑木林」の成り行きを心配し、平成二(一九九〇)年に「広葉樹文化協会」の設立趣旨を全国の知友に呼びかけ、多くの賛同者を得て、平成三年五月協会を設立。以来すでにして約二十年が経過した。年二回発行の機関誌「フォレストアート」もやがて四〇号を数えることになる。

協会設立二十周年の記念として、このたび機関誌の掲載記事の抜粋を中心とした一書出版を企図し、この程刊行の運びになった。

本書は「里山の雑木林」について、四季折々、各地を訪ね、色々な人たちと語り合ってきた出会いの数々を思い出しながら、機関誌の記事を中心としてまとめたものである。

ささやかながら私たちの目指すところ「広葉樹の復権」のために何らかのヒントとして役立つところがあれば望外の喜びである。

平成二十二年三月

広葉樹文化協会会長　岸本　潤

広葉樹の文化

雑木林は宝の山である——目次

広葉樹の文化

第1章　広葉樹と日本人

岸本　潤

第1節　広葉樹と歴史

●縄文時代

最終氷河期以降、現代に至る凡そ一万二千年、日本列島の植生は自然力と人為により様々に変遷している。

太古の時代の変遷については花粉分析その他の手法発達によって、より詳しく論及できるようになってきた。

縄文時代、氷河期が終わった時代の縄文草創期(一万二千年前)、東日本の平地には主として落葉広葉樹、高地には針葉樹を分布し、西日本の平地には主として常緑広葉樹(照葉樹)、高地には落葉広葉樹が分布していたと考えられる。その後温暖化で、縄文中期(五千年前頃)には日本列島はほとんど広葉樹林地域となったようである。したがってわが国の森林の歴史は、基盤的には広葉樹林の歴史ということができる。

さらに言えば、東の落葉広葉樹林、西の常緑広葉樹林を基本とし、温暖化、寒冷化によるこれらの拡大と縮小・変遷の歴史であり、降ってはこれに地域・標高により針葉樹を混交しつつ人為の加わる複雑な変化の歴史ということになる。

安田喜憲氏の『環境考古学事始』(NHKブックス 一九八〇)によると、縄文早期(約八千年前頃)から始まる温暖化により、縄文前期(六千年前頃)には日本列島のブナ、ミズナラを中心とする冷温帯の落葉広葉樹林は後退(北上)し、南からシイ、カシを中心とする暖温帯広葉樹林が追随して北上してきたという。

縄文中期には、東西両広葉樹林帯の間に、コナラ、クリの暖温帯落葉樹林が現れて発達した。この樹林帯が日本の縄文文化(土器文化)を誕生させたという。木の実に依存する暮らしのこの頃の人口について、小山修三氏は『縄文時代』(中公新書 一九八四)で、東に三〇万人、西に一万人程度であったと推定している。

縄文晩期(約三千年前頃)の寒冷化は、土器文化をもたらしていたコナラ、クリ帯の衰弱を招いた。この寒冷化に伴う木の実依存の暮らしの窮迫が、次に来る弥生時代の農耕文化の招来を促進したとされる。

●弥生時代

弥生時代(約二千二百年前)は、縄文時代の森林依存的な暮らしの時代から、当時すでに兆候の芽生えていた原始農耕を本格化させるかたちとなり、いわゆる〝イネと鉄の文化〟としての本格的森林破壊、開拓農耕の時代に入ることになった。

平地の暖温帯広葉樹林(照葉樹)は農耕地へと開拓され、周辺に農地と共生するかたちとして、温存された二次林の暖温帯落葉樹林(コナラ、クリ等)を主とする混交林が形成された。混交林の組成は、定住農耕の残存照葉樹と参入落葉樹を中心とし、マツなどの針葉樹を含むものであった筈である。これこそが弥生以降伝承されてきた「里山の雑木林」の濫觴というべきものなのである。

紀元前三世紀から紀元三世紀にわたる〝イネと鉄の文化〟稲作農耕社会は、九州北部から瀬戸内、近畿、関東、東北と北上して行った。小山修三氏は前掲の書で、縄文期には約三〇万人であった日本列島の人口は、この弥生期には約六〇万人になっていたと推定している。

●古墳時代

三世紀から四世紀、小国家の分立から統一国家へと進むこの時代、農耕のパートナーとしての広葉樹林は直接農作業物資の給源として不可欠であったが、またあらゆる生活物資の給源としても莫大な需要に応えてきた。その地域の広葉樹林の資源力は、その地方の国力を示すものでもあった。

四世紀、畿内に連合政権をつくった大和朝廷は、地の利を生かし先進文化を積極的に獲得し、他の国々の勢力にぬきんでて支配権を確立することに成功した。

五世紀、倭の五王の頃、大和朝廷は大王の権力を明確に樹立し、その権威を象徴する巨大古墳・前方後円墳(応神・仁徳陵)を築造するに至った。

この想像を絶する莫大なエネルギーを供給した重要資源こそ広葉樹林であった筈である。この時代広葉樹林は激しい消耗を強いられていったのである。

西田正規氏によれば、六世紀中葉までの泉北丘陵の陶器窯跡で出土する薪材は、暖温帯広葉樹のカシ類を中心とするが、六世紀後半にはアカマツが出現するという。

六世紀末は聖徳太子の時代であるが、当時権力中枢の地でマツが登場することは、生活域周辺の照葉樹が消耗されつくし、代わって裸地に強いマツが進出してきたことを物語るものであり、火力の強いマツが燃料として重用されたということであろう。このことは単に燃料としてのマツの登場に止まらず、環境として常緑の照葉樹に代わる「常磐」のマツとして愛着されるはじまりと思われて興味深い。

日本人は照葉樹林を駆逐して生活圏を作ったが、農耕社会の周辺に常磐のマツを見出して格別愛着の心を抱いたに違いない。一方には畏怖敬仰の対象として照葉樹の鎮守の杜を残し、他方日常生活の中には目出度い植物「松竹梅」の筆頭としてマツを置くところなど、微妙な日本人の自然に対する心情の反映を感じるのである。

●古　代

七世紀から十二世紀に至る古代国家成立以降では、社会機構の複雑化、加工技術の進歩、産業の発展等により、木材の利用では材の特性を吟味し、特性を生かすかたちが進められ、建材におけるスギ、ヒノキ、ケヤキの重用など樹種の使い分けがはかられた。

広葉樹林は里山の雑木林として農耕と直結するものであったが、膨張しつづける社会的な需要のため、製塩、製鉄用の燃料材としても大量に消費された。

瀬戸内地方における製塩、中国山地における製鉄の隆盛にともない、これらの地方の広葉樹林はとくに過酷な収奪を受けつづけたとされる。

●中　世

十二世紀のおわりに鎌倉幕府の創設により封建制が成立した。

「封建制」は、支配者が従士に身分、権力を保証し、従士は支配者に忠勤をはげむという体制である。台頭した武士は、地方の土豪、農民に基盤を置くものであったから外へ向かっては覇権の争奪を画策しながら、内へ向かっては国力のもとである農業生産の充実に意を用いた。

この時代、広葉樹林・里山の雑木林は食料生産体系の重要な一環をなすと同時に、製塩、製鉄、製陶、炊事、採暖等々万般にわたるエネルギー源であった。とくに武士の地域的割拠体制のもとでは、自給自足の確立が必然の要請であり、広葉樹はきわめて重要な役割を担っていたのである。

封建時代には各地でそれぞれ日本的な集約型農業が定着し、各地多様な広葉樹を活用した形の殖産奨励が進められた。

クワ(生糸)、コウゾ(紙)、ミツマタ(紙)、ガンピ(紙)、ツバキ(油)、キリ(油)、サザンカ(油)、クロモジ(油)、キリ(油)、ハゼ(蝋)、ウルシ(漆器)、カシワ(鞣皮)、キハダ(薬)、クスノキ(薬)、ヤマモモ(染料)、チャ(茶)、クリ(実)、クルミ(実)などである。

広葉樹の多岐にわたる活用のモノ文化は、封建社会のうちでもとくに安定した江戸時代に円熟し、各地で庶民の文化としても多彩に発展していったのである。

●近　代

近代社会、明治以降、前代まで特産物として地域力の源とし、生活必需品の重要な給源であった広葉樹林は、あるものは合成化学品に対抗できなくて次第に姿を消していった。

縄文以来、変遷を重ねつつも日本人の暮らしに密接に関わってきたモノとしての広葉樹は、工業化社会への脱皮という大命題の時流の前に、僅々百年にしてその役割の大半を喪失してしまったのである。

●現　代

二十一世紀初頭、広葉樹林・里山の雑木林は永年の共生相手・農耕社会の劇的変化（機械化・金肥・農薬）によって、その役割の殆どを喪失し、今や放置状態にあって途方にくれている。

多様なモノとしての役割はたしかに殆ど手掛かりを失っている。

しかし忘れてはならぬ。

広葉樹林は環境として、文化として、存在そのものが代えがたい役割を果たしてきたはずである。その役割はもう終わったのであろうか。

否、黙々として果たしてきた里山の雑木林の環境的、文化的役割は以前にも増してその重要性を増していると言って過言ではない。

里山の雑木林は今見るからに疲れ切っている。このまま放置しておくと、モノ的効用はもとより環境的、文化的効用のための存在価値さえ失われかねないのである。

私たちのもっとも身近な自然、里山の雑木林。この愛すべき自然の賦活のための具体的な着手、起死回生の強力な方策が切望されるところである。

第２節　広葉樹と気質

●縄文人

日本列島に住みついた人間のルーツはどこにあるのだろうか。縄文時代約一万年、日本列島は森林に被われ、温暖化と寒冷化を経験し植生は複雑に変遷したとされる。縄文人は長期にわたりこの揺れ動く広葉樹林の中で採集、狩猟、漁撈の暮らしを続けてきた。「居は気を移す」という諺がある。生存環境がそこに住みついた人々に色々な影響を与えることは至極当然のことである。どこからどんな人々が移り住んだとしても日本列島に住みついた人たちの気質は生い茂る広葉樹林という、よりどころによってじわじわと形成されてきたと思う。

縄文期の前半、日本列島は東北の落葉広葉樹林と西南の常緑広葉樹林から成り、前者に根拠をもつ人達が主力をなしていたと考えられている。

安田喜憲氏は前述の書で鳥浜貝塚の解析により、縄文人は落葉広葉樹林に本拠を置き、主食は木の実であり金属器のない生活ながら、縄文早期(約六千年前頃)、縄文前期(約五千年前頃)にはすでに照葉樹林文化圏の文化要素の波及が認められると述べている。

鳥浜貝塚では再生力をふまえた縄文人の分別ある狩猟、採集、漁撈の暮らし方が見られ、木器の種類、加工法等多岐にわたる合理的選択が多様に行われていたという。これら多数の出土遺物によって縄文人の理解力、受容能力の高さ、賢明さを想像することができる。

縄文人は血縁関係のつながりを基本とし、生活は自然に依存するかたちであった。当然ながら自然畏敬の念をつよく持って暮らしていた。自然を生きているものとみなし、自然には意思があると考える原始信仰があった。

自然現象は精霊のしわざであり、そのため魔除け、タブーが生まれ、シャーマン（霊媒）が生まれた。広葉樹林の生態の変化は非常に敏感に神妙に受けとめられていた。彼らは森の人であり、森のリズムに調和することを心掛けていた。森の意思にさからい、森をこわすことは自らをいためることであると本能的に知っていたのである。

縄文人は四千年前頃から始まる先史時代終わりの環境問題（寒冷化）によって生存環境を脅かされたが、その試練はむしろ縄文人の文化進展のためのバネとしてはたらき、生き残るための知恵を啓発向上させたと思われる。早くから進んでいた照葉樹林文化圏の文化要素の摂取は、この時期生き残るための工夫としてかなり積極的に進められ、遂には弥生期の稲作農耕へと進むことになったと思われる。

●弥生人

イネと鉄の文化をもって日本列島に渡来した弥生人は、生産技術で画期的であったばかりでなく、生活用品作製技術でも縄文人とは異なったものをもたらした。

同じ広葉樹林の中で暮らすかたちながら、縄文人の自然を畏敬する原始信仰に対し、農業神信仰という点で根本的に相違していた。

弥生人は水田耕作のため生活拠点を、平地、低湿地に置いた。暴風、洪水、旱魃などの自然現象は、水田耕作に必要な水と太陽の問題、生産に直結する問題として強く意識するものだった。この切実な問題に対して水や太陽を尊崇し、信仰する農業神信仰が生まれた。

縄文時代は人々のつながりは血縁関係的であったが、弥生時代には地縁共同体的となり、長老が祭祀権をもち、農業に関わる神事をつかさどる形が生まれた。

弥生人は技術的な体質を持ち、新しい能率的な生産によって定住域を拡張していったが、各地でより優位に立つために大陸からの渡来技術、文物の権威を意識的に利用してその勢力圏を広げていったようである。

●縄文人と弥生人

弥生人の拡張で、日本列島の西に分布する照葉樹林は確実に破壊され消失していったが、この急激な森林破壊の進行については、先住の縄文人の賢明な対応があったことと思われる。

縄文人は、縄文末期の寒冷化による暖温帯落葉樹林の衰弱に遭い、木の実給源の減少を経験したようであり、その経験もあって食糧確保のためには、このような弥生人の急激な森林破壊・開拓を受け入れざるを得なかったのであろう。伝統的な自然信仰の縄文人の複雑な心情、それを抑えての賢明な対応が推察される。

弥生時代には、縄文時代にはみられなかった社会貧富の差、階級の別が生まれてきたと言われる。

●日本人論

日本列島の広葉樹林に対する縄文人と弥生人の対処の仕方は基本的に異なるわけであるが、両者をひっくるめ、広葉樹林がこの地域に住む人々に対して強い意味をもち、気質につよく影響を与えていたことは当然のことであろう。

梅原猛氏が『アイヌは原日本人か』(小学館 一九八二)でいう日本人論によれば、日本人の気質は縄文の記憶を色濃く抱きつづけているという。縄文の記憶ということは約一万年にわたり広葉樹林で暮らした人たちの血の記憶である。

採集生活の縄文人と農耕生活の弥生人、生活手段においてはいかにも画期的な変化を遂げていったかに見えるが、彼らの気質の底流には基盤的な生活環境たる広葉樹林が常にぬけがたくあったと思われる。それに値する豊かな恵みを広葉樹林は色々な形で彼らにもたらしつづけたのである。どこまで行っても日本人と広葉樹林の深いつながりは切れることはなかったのである。

上山春平氏らが『続照葉樹林文化』(中公新書 一九七六)で述べたユニークな照葉樹林文化論には、日本列島を東端とするその文化圏の、さまざまな特色的事象が論じられていて誠に興味深いが、縄文人も弥生人も形と程度こそ違え大陸につながる広域的な照葉樹林文化圏の生活者として、その天恵を享受することでは同じであったと思われる。

鈴木秀夫氏は『森林の思考・砂漠の思考』(日本放送協会 一九八三)という書の中で、性格について色々に分析して述べている。

すなわち仏教の万物流転に対し、キリスト教の天地創造を対比し、洋の東西の思考方式の差を述べ、前者は事物に明快な判断を下さないのに対し、後者ははっきりと割り切るとした。

たとえば日本文化は森林的性格であり、西洋文化は砂漠的性格であるとするのである。

梅原猛氏は前述の書で、現日本人は縄文期のあと弥生人の血が混じりはしたが、やはり縄文人の森林調和的性格は継承していると述べている。

つまり日本人の生活の原風景は一万年の広葉樹林にあり、今もその気質の根本には森林的性格として根強く残っているということである。

●広葉樹林的性格

日本人は森林的性格ということであるが、言い換えれば、日本人は広葉樹林的性格であるとも言えよう。広葉樹林の中で暮らす私には、日本人の性格の中に、落葉広葉樹林的なものと照葉樹林的なものの並存がつよく感じられる。

季節とともに多彩に変化する明るく快活なイメージの落葉樹林と、変化に乏しく暗く陰鬱なイメージの照葉樹林の二つのタイプの広葉樹林が投影しているように思える。

いわば日本文化の中の躁性と鬱性とでもいうべきものである。

私たちのもっとも身近な広葉樹林、里山の雑木林は地域ごとに色々なかたちでこの躁鬱両タイプの要素を内包して存在している。

第２章　広葉樹と詩心

岸本　潤

第１節　身近な自然

●里山の雑木林

縄文以来一万数千年、日本人が生活のよりどころとしてきた森林は広葉樹林であった。

そしてとくに弥生以降もっとも身近な森林として密接不離の関係で暮らしてきたのは里山の雑木林である。

国木田独歩の『武蔵野』は雑木林の風情を愛する文章としてよく知られているが、武蔵野の林は主に楢の木の仲間である。独歩は「冬はことごとく落葉し、春は滴るばかりの新緑萌え出ずるその変化、春夏秋冬を通じ霞に雨に月に霧に時雨に雪に緑陰に紅葉にさまざまな光景は……」と武蔵野の落葉広葉樹林・雑木林の美しさを讃えている。

また『不如帰』で有名な徳富蘆花は『自然と人生』の中で、「……余はこの雑木林を愛す。木は楢、櫟、漆、栗、櫨、など猶多かるべし。大木稀にして多くは切株より簇生せる若木なり……」と縷々農用雑木林の多様な風情、景観の美しさを述べている。

吉田絃二郎も『旅ゆくこころ』の中で、「わたくしは冬の武蔵野を愛する……」と述べ、欅や樺の木の冬木立の風情を賞讃し、早春の訪れを感じさせるのは辛夷の花、山椿であると言い、梅林に点綴する雑木林の表情のすばらしさを描写している。

農耕社会のパートナーとして生み出された雑木林は、天恵の自然に優るとも劣らぬ素晴らしい人為の自然として連綿と伝承されてきた。武蔵野だけではない。雑木林は日本列島各地にさまざまな表情を見せて分布しており、春夏秋冬の見事な変化によって人々の詩心を触発して止まないのである。

●自然との対話

山本健吉氏は『ことばの季節』の中で、「日本の詩は、少なくとも伝統的な短歌や俳句はほとんどすべて自然との対話ならぬものはない」と述べ、「特定の植物の若葉時の美しさを日本古来の詩人達は、いろんな言葉で言い取っている。若楓とか葉桜とか、葉柳とか、若竹とか、やはりそれぞれに美しい造語である。こういう言葉を聞くと日本人ならすぐにある季節が浮かんでくるだろう。あれだけ花を讃美し、散るのを惜しんだ桜に、なお夏には葉桜の情趣があり、秋には桜紅葉の情趣がある。また楓と言えば紅葉時をたたえるものに決まっているが、なおまた若葉時の美しさも見逃さないのだ」と指摘し、広葉樹の季節による多種多様な変容の美しさに惹かれる日本人の詩心の有り様を述べている。

日本人の詩心は、この農耕と共生して数千年経過し、地域毎に微妙で豊かな特色をもつ里山の雑木林によって触発され、こよなく愛着しつづけられてきたのである。

第２節　広葉樹と俳句

●歳時記

里山の雑木林の主体である落葉広葉樹は、冬の季節裸木で過ごし、春になれば芽吹き、そして花ひらき、若葉を茂らせ、新緑から万緑へと推移し、やがて木の実を結び、紅葉となり落葉してまた裸木となる。個性的にさまざまにくり返す自然のいとなみ、木々の変化は私たちの祖先の生活の中、心に深くしみこんで長い世代を経てきた。

モノとして暮らしを支えてきた広葉樹・里山の雑木林は、日本文化の根源としても、こまごまと心情を育んできたのである。

日本人の特色的生活状況について、時候、天文、地理、生活、行事、動物、植物に区分し、自然と人事の推移を綿密に記録したものに「歳時記」がある。

歳時記は日本人の生活環境の類い稀な豊かさを裏書きするものであり、随所に遠い祖先から伝承されてきた生活文化がちりばめられている。

俳句は十七音詩という「みじかさ」の中にそれぞれの詩情を盛る文芸であるが、このときどのような季題をその中に斡旋するか、このことが句のいのちを左右する重要な決め手になる。

●芭蕉、子規と俳句

俳聖松尾芭蕉はさくらをはじめ多くの広葉樹を詠んでいるが、有名な『奥の細道』では五十句中に十句の落葉樹が詠まれている。

あらたふと青葉若葉の日の光
木啄も庵は破らず夏木立
田一枚植ゑて立ち去る柳かな
桜より松は二木の三月越し
象潟や雨に西施がねぶの花
一つ家に遊女も寝たり萩と月
しおらしき名や小松吹く萩薄
波の間や小貝にまじる萩の塵

正岡子規の『全集』(改訂版)には、明治一八年より三五年までの句、五一九句を搭載しているが、この中には一〇四句の広葉樹の句を入集している。

子規は『病床六尺』の中で、「わが庭には、椎、樫、松、梅、ゆすら梅、茶の木々が植えられている」と述べ、光琳と鶯邨の梅、桜、椿、萩などの彩色本を毎朝毎晩眺めることを無上の楽しみだと書いており、植物に格別の嗜好があったことがうかがわれる。

子規の有名な句に

柿食へば鐘が鳴るなり法隆寺

がある。

●虚子の季寄せ

高浜虚子の『季寄せ』(三省堂)の収録季題数は、天文、人事、動植物等全般に亘っておよそ二千四百である。この中で樹木関連のものは約三六〇、そのうち広葉樹が三四〇、針葉樹二〇である。広葉樹では落葉樹が常緑樹の約三倍の頻度となっている。いつも身辺にある落葉樹の季節変化の魅力と言えよう。

この季寄せに入集した例句の中、広葉樹を季題としたものを各月一句抽いてみると、

春・梅　二もとの梅に遅速を愛すかな　蕪村
　椿　落ちざまに水こぼしけり花椿　芭蕉
　桜　さまざまな事おもひ出す桜かな　芭蕉
夏・若葉　絶頂の城たのもしき若葉かな　蕪村
　青梅　青梅に眉あつめたる美人かな　蕪村
　合歓の花　真っすぐに合歓の花落つ池の上　立子
秋・木槿　道のべの木槿は馬に喰はれけり　芭蕉
　萩　萩叢の一枝月にそびえたり　虚子
　柿　三千の俳句を閲し柿二つ　子規

冬・落葉　降る如き落葉の絶間ありにけり　虚子
　枯れ萩　萩枯れて山門高し南禅寺　虚子
　侘助　侘助や障子の内の話声　虚子

などがある。

●季題の多彩

俳句では「花」と言えばさくらを指すほど花を代表するが、虚子の『季寄せ』の中の「さくら」に関わる季語を拾ってみると、初桜、彼岸桜、山桜、八重桜、遅桜、朝桜、夕桜、夜桜、花曇、花見、桜狩、花巡り、花の宴、花の茶屋、花の宿、花の幕、花筵、花筏、花人、花衣、花篝、桜漬、余花、残花、葉桜、桜紅葉、等々とある。まことに多彩、さくらという一種の樹木の表情の変化をとらえて日本人は色々に思いを託すのである。

さらに広葉樹一般についても、四季の変化、千態万様の微妙な印象を季語として表現する。すなわち、春からひこばえ、木の芽、新樹、若葉、茂り、青葉、夏木立、緑蔭、木下闇、病葉、木の実、木の実落つ、紅葉、黄葉、雑木紅葉、野山の錦、紅葉且散る、紅葉散る、冬紅葉、落葉、木の葉、枯葉、冬木、枯木、裸木、等々……これでもかこれでもかとばかりに木々の表情を描写して止まない。

広葉樹と日本人。縄文人の母なるものであった太古の昔はもちろん、弥生以降も依然として密接に共生してきた広葉樹とのつながりがいかに根深いものであったか、こうしたこだわり方の中におのずから見てとれるのである。

第3節　里山の雑木林

●裸木の雑木林を歩く会

平成三(一九九一)年に「里山の雑木林を見直そう」という趣旨で始めた「広葉樹文化協会」は、年四回、春夏秋冬環境学習と称して「四季の雑木林を歩く会」を実施してきた。早いもので平成二十二年には二十周年を迎えることになる。この協会の定例行事でとくにこだわってきたものに、冬の行事「裸木の雑木林を歩く会」がある。

行事は厳冬期一月の第四日曜日を例会としている。雪降る時期の山歩き、里山といえども遊山気分というわけにはいかない。酔狂な会だという人もある。しかしとにかく冬の広葉樹の素顔を見なければほんとうの広葉樹は語れないという思いで続けてきた。

里山の雑木林は明るい森であるが、この明るい森の主役は落葉広葉樹である。冬の落葉広葉樹・裸木の雑木林を歩くことは、協会設立趣旨の基本にもかかわることなので頑として実施してきた。やはりこの落葉樹が冬、裸木となって里山に林立する姿を見なくては、里山の雑木林をほんとうに見たことにはならないと思うのである。

●裸木との対話

冬の里山を歩くと雑木林の中の落葉樹の消長が一目瞭然に見えてくる。

山眠る木々にしづかな息づかひ
落葉してことば失ふ雑木山
寒林に入り直立の木に倚りぬ

古来私たち日本人は、私たちの自然のことを「四季の変化が豊かで美しい」と謳歌してきた。恰もそれが天然自然の遺産のようにである。しかし四季に変化のある自然という、その里山の雑木林は、弥生以降の農耕によって土着の照葉樹を開拓し、落葉樹を招来したことによってもたらされたものであり、いわば人為の自然なのである。

裸木の空は日と風ゆたかなり
日と風をよろこび合へる冬木立
裸木のかすかな私語をききすます

今や滔々たる工業化社会。農耕は里山と共生する気力を喪失し雑木林は放置状態にある。このまま推移すれば里山は本来の温暖帯植生である照葉樹林優占の森へと遷移してしまう。明るい森は暗い森へと先祖帰りしてしまうのである。

このことは、全国の里山で竹林の蔓延を先駆として確実に進行しつつあり、地球温暖化で一層加速されていく成り行きにあり由々しい。

裸木の影与へ合ふ大沒日
それぞれの影に寧らふ枯木立

裸木の泪ぐみたる夕茜

冬山の雑木林では照葉樹の優勢が目立ってきている。愛すべき落葉広葉樹、裸木の衰退を何とか食い止めなくてはならなぬが非力如何ともしがたい。

農耕と里山の共生で創生され維持されてきた美しい国日本の自然「里山の雑木林」。衰退へと向かっているこの雑木林を、現代社会に適う形で共生し賦活する方策こそが求められる。

裸木に看られて戻るけものみち

日の枯葉土の枯葉となりゆけり

裸木の失語を風がほぐしゐる

私たちにもっとも身近な自然としての里山の雑木林。明るい森の雑木林、環境としてはもとより文化としての効用ははかり知れない。数千年連綿として伝承してきたのである。いつまでも四季の変化の素晴らしい豊かな森として残して行きたいと思うのである。

寒林に佇ち一本の木となりぬ

裸木に生くべき形しかと見る

裸木に明日見えてゐる高さあり

さまざまな表情で語りかけてくる冬の落葉樹、裸木。裸木との対話は尽きることがない。

第３章　古代人と木——木器考古学——

古川郁夫

第１節　はじめに

人間と木（木材）とのかかわりは人類が地上に現れたときに始まり、それ以来長い間にわたって木は文明の発展を支えてきた。ヒトが衣食住の素材を天然物に依存している限り、その多様な経済的文化的活動において、木材資源から受ける恩恵は計り知れない。すなわち木材という生物的な素材は、ヒトが地上で生活するうえで、石器などの簡単な道具で比較的容易に手に入れることができ、加工もし易く、しかも未加工のままでも使えるため、暮らしに必要な生活用具類、道具や器具類、運搬移動用具類を始め、建築用や土木工事用や燃料用など、その用途は広範囲で多岐にわたり、人類の生命維持に欠かせない存在となった。

では実際に、どのような木が古代の人々の生活を支えていたのであろうか。それを知るには、年代のはっきりしている遺跡や遺構から出土する木材遺物（出土材）、そのなかでも明瞭な形状や加工痕のあるもの（考古学ではこのような木材遺物を土器、金属器、石器と同様に「木器」と称する）の「樹種（あるいは材種）」と「用途（あるいは器種）」が、その鍵を握っている。ところがこれがそう簡単には分からないのである。ほとんどの木器類は湿潤状態か炭化状態で出土する。木器類の材種、すなわち樹種名（あるいは属名や科名）を知るには、木材組織学（木材解剖学）の専門的な知識に加えて鑑定に必要な顕微鏡観察用の試料作製技術の習得が必要である。この知識と技術の両方を習得して運よく材種が分かったとしても、それが何の目的に使用されたのか、即ちその木器の用途が分からないことが多い。ここが木器研究の難しいところである。現在でも、遺跡調査報告書を初めて読まれた人は「用途不明」と記入された木器類の多いことに驚くであろう。

木器の用途判定には、〝木器考古学（過去の人類が利用した木材遺物により、人類が辿った木の文化を研究する学問）〟とでも言うべき学問体系の完成に待たねばならないが、現在のところは、木材（林産）学、考古学、年代学、民俗学、文化人類学などの手法を駆使して、木器の出土年代や形状を手掛かりに、用途を既知の木器から類推するか、あるいは考古学的な記載や民俗学的な調査から推定している。出土する木器類は現在では使われてないことも多く、また近世まで使われていても、現在はすでに消滅してしまった生活習慣もあるため、考古学的調査だけでは十分でなく、民族学的調査の助けを借らねばならないときもある。こうしてその地域で、年代別に、そこに暮らした人が使った木器類の用途（形状）と樹種が明らかになり、それらが体系化されることによって、木器を手がかりとしてその年代の、その地域の人々の生活様態を明らかにできたとき初めて「木器考古学」は独自の学問領域となる。近年、出土木器類に関する情報の集積は目覚しく、そう遠くない日にこの学問領域が確立されるであろう。

ところで、「その時代にどのような木が使われていたのか」ということと「その時代にどのような木が生えていたのか」ということとは、関係はあっても、全く別の事柄である。どのような木がその時代に生育していたかは、樹木の花粉分析的手法と炭素同位元素（^{14}C）を使った年代測定から分かるのであるが、その中のどの木がその時代の人々の生活に利用されたのかということは、その時代に使われた木器が出土しない限り分からない。いつの時代も人々が日常の生活や行事に使う木器の樹種（材種）には、その用途が要求する材質（強度や耐朽性や加工性など）に適う木を選ぶため、木なら何でもよいという訳ではなく、使用樹種が用途によってかなり限定されるのが普通である。このように特定の樹種が特定の用途に結びついていることを、ここでは「樹種選択性」と呼ぶ。しかし、ある年代の樹種選択性が判明したとしても、それがいつの時代もまたどこの地域でも同じかと言えばそうではない。木器の樹種選択性は確実で確定的なものではない。例えば、特定樹種の需要を賄うだけの木材の供給量あるいは収穫量が満たされているかどうかによっても左右され、不足する場合には代替材が使われることになる。こうしてある程度「材質」が似た木は、良く似た用途に使われるという適材適所の原理が、木器の樹種選択性の基準となっている。この用途と樹種の関係は、人類が木を使い始めた頃に始まり、歴史のなかで試行錯誤的に一定の関係に収斂すると考えられがちであるが、自然植生の変化（気候変動）や文明の変遷がその選択性にゆらぎを発生させ、一旦収斂していた樹種が他の樹種に代替されるということも起こり得るのである。

本章では、まず「世界の古代文明にかかわった木にはどのようなものがあったのか」を概観し、次に「わが国の古代文化を担った木はどのようなものだったのか」を簡単に説明し、最後に「山陰地方の古代人はどのような木を使って生活していたのか」について、考古学史料及び著者の調査研究に基づいて木器考古学的な概説を試みる。

なお、本文を執筆する上で、京都大学名誉教授の横田徳郎先生が長い時間をかけて纏められたにも関わらず、公表することを控えられたため、自費出版物という形でしか目に触れることのできない貴重な史料集である『日本林産物利用史、史料要録』を参考にさせていただいたことをここに記し、深甚なる謝意を表する次第である。

第2節　世界の古代文明を支えた木

わが国で弥生文化が栄えていた頃、地中海地方のギリシャ・ローマでは二つの著名な植物誌が相次いで出版された。それらは現在、翻訳本として見ることができる。一つは『テオフラストスの植物誌』（BC二八〇年頃出版）であり、もう一つは『プリニウスの博物誌』（AC七七年刊行）である。これらには、その時代に生育していた樹木のことだけでなく、その頃に利用されていた木材（林産物）に関する記述も多く、当時の林産事情を知るうえで貴重な史料となっている。

『テオフラストスの植物誌』（大槻真一郎ほか訳、八坂書房一九八八）によれば、数種の硬葉ガシ類（セリスガシ *Quercus cerris*、コクシフェラガシ *Q. coccifera*、セイヨウヒラギガシ *Q. ilex*、ラヌギ

ノーザガシ *Q. lanuginosa*、コルクガシ *Q. suber*）は船用材、鍛冶用製炭材、製炭、車軸材、コルク生産用として重宝され、また地中海産のオウシュウブナは寝台や荷車用材に、ニレ属やエノキ属の木は扉の蝶番、荷車、彫刻に、イチジク属、オリーブ属、ツツジ類、ゲッケイジュ属、キズタ属の木は発火具用に、ヤナギ属は盾や文具箱や籠類に、ヨーロッパクリは外構用の建築材や埋設用建材や製錬用の木炭に、ヨーロッパツゲや野生オリーブは槌や錐や彫像に、プラタナス属は造船材に、セイヨウヒイラギガシやセイヨウキズタは杖に、ヤシ科ナツメヤシ属は寝台の脚や彫像の製作に用いられていた。また地中海性の針葉樹材としてはモミ属、マツ属、ビャクシン属、イチイ属の木があり、これらは樹脂採取用、建築材、家具材、船材としてよく用いられ、とくにビャクシン類は耐湿耐朽性が高い木として記録されている。この本には、これら地中海沿岸に生育する乾燥地産樹木の組織構造、強度的性質、加工性、耐久性、使途などが、詳しく記載されている。

また、『プリニウスの博物誌』（中野定雄ほか訳、雄山閣 一九九六）にも、地中海産のオウシュウブナや硬葉ガシ類（セイヨウヒイラギガシ *Quercus ilex*、コクシフェラガシ *Q. coccifera*、コルクガシ *Q. suber*）のほかに、トネリコ、ハンノキ、カエデ、ツゲ、ニレ、ヒイラギ、オリーブ、ピスタチア、クリ、コクタン、クマシデ、クワ、ゲッケイジュ、キズタ、プラタナス、ボダイジュ、ヤナギ、ポプラなどの有用な広葉樹が記録に残っている。そのほかにリンゴ、マングローブ、ニッケイ、インドゴムノキ（イチジク属）、バルサ属、キワタノキ、コショウ属、ヤシ科、ヌルデ、イチジク、ミカン属なども果実、香料、ゴムなどの特用樹として挙げられている。とくに寝椅子や寝台用などの装飾性の高い用材としては、特殊な杢をもつシトロン材やカエデ材が使われ、これらはべっ甲でその代用をすることすらあり、高価な値段で取引されていた。この時代、すでに高度な木材の加工技術や加飾技術が発達しており、木材に高い付加価値がつけられた。特に十字杢をもつブナ材やヤドリギは神聖視された。また、当時の有用な針葉樹材としてはビャクシン類、マツ類、ヤニマツ（樹脂用）、モミ（樹脂用）、カラマツなどともに、今から約五千年前（ＢＰ五〇〇〇年頃と表記し、ＢＰとは有機遺物の年代を^{14}Cの半減期から割り出し、一九五〇年を起点として表した絶対年代のこと）に地上から姿を消したレバノンスギ *Cedrus libani* がある。

ところで、ＢＰ一二〇〇〇年頃の最終氷河期（ウルム氷期）の後、気温は上昇し続け、ＢＰ六五〇〇〜ＢＰ五〇〇〇年頃に最高に達した。この時期を考古学ではヒプシサーマル期（高温期）と呼んでいるが、ヒプシサーマル期の終焉とともに北緯三十五度以北ではそれまでの温暖・乾燥気候から一転して冷涼で湿潤な気候に変わった。ギリシャやアナトリアではこの時期を境として石器文明から青銅器文明（ミノス文明やミケーネ文明の時代）に変わった。一方、北緯三五度以南では温暖・湿潤な気候から冷涼・乾燥気候へと変わった。それによって、メソポタミア低地やナイル川流域ではそれまで栄えていた石器文明が終焉を迎え、シュメール都市文明が繁栄し始めた。このＢＰ五〇〇〇年頃の文明の画期は、遠く離れたわが国においても類似した現象が認められている。

ユーラシア大陸の西に位置するヨーロッパ文明圏において、ＢＰ五〇〇〇年頃を境として、常緑の硬葉カシ類（例えばセイヨウヒイラギガシ）から落葉ナラ類（例えばセリスガシ）へと、同じ *Quercus*

属でもその構成種に大きな変化が起こった。一方、ユーラシア大陸の東にあたるわが国（モンスーン文化圏）においてもヒプシサーマル期を境として、それまでの冷涼・湿潤な気候に適した落葉ナラ類（例えばミズナラ）から温暖・湿潤な気候に適した常緑の照葉樹類、とくにシイ類（例えばスダジイ、ウバメガシなど）やカシ類へと、その構成種に大きな変化が現れた。これらはいずれもドングリのなる木であることから、これらの分布する地域を中尾佐助は『現代文明二つの源流』（朝日選書　一九七八）で「東西のドングリ林帯」と称し、この地帯に発達した文化を安田喜憲は『森林の荒廃と文明の盛衰』（思索社　一九八八）で「オーク（ナラ・カシ）林文化」と呼んで、東西オーク林文化の共通点や画期について詳細に検討している。

第３節　わが国の古代文化を担った木

わが国の古代文化は、縄文時代（ＢＰ一二〇〇〇年ごろ～ＢＰ二五〇〇年）から弥生時代・古墳時代（ＢＰ二五〇〇年頃～ＢＰ一五〇〇年頃）までの間、列島各地に花開いたわが国に特有の「土器」を伴う文化である。北海道から東北地方の東日本に住み着いた北方系モンゴロイド人（縄文人）は「ブナ・ナラ林帯を生活の場として豊かな狩猟採集経済を中心とした縄文文化」を発展させ、列島各地に根付かせた。ヒプシサーマル期以降の縄文後期からは、九州や西日本の照葉樹林帯に住み着いた南方系モンゴロイド人（弥生人）は「低湿地での稲作農耕とその周囲の微高地や低丘陵地での定住型集落社会を形成して技術的に高度な弥生文化」を展開した。これら二系統の文化がわが国の基層文化を形づくり、それぞれに特有の木器文化が存在した(佐々木高明『日本文化の基層を探る』NHKブックス一九九三)。

●縄文時代の木器

縄文時代を代表する木器文化は、BP九〇〇〇年~BP五〇〇〇年(縄文早期から中期にかけて)の大量の木器類を出土した「鳥浜貝塚《とりはまかいづか》」(福井県三方郡三方町鳥浜字高瀬)に、その典型を見ることができる。出土木器類五百点以上の樹種と用途が判明している。大きな力のかかる石斧柄にはユズリハとツバキ科のサカキやヤブツバキ、それとカシ類が多く用いられ、このほかにトネリコ、クリ、ミズキ、スギ、ヤナギなども使われていた。弓にはカシ類が、サクラの樹皮を巻いた小型の弓にはカヤが、断面が楕円形で表面が磨かれている棒状木器(削り出し棒、尖り棒)にはカシ類やヤブツバキに混じってスギ、マツも使われていた。容器類(盆、鉢などの刳り物、一部は漆塗り容器)にはトチノキが、また櫂にはケヤキが使われていた。日本最古の丸木舟も出土しており、材はスギであった。杭材(建築材?)にはヤブツバキ、ヤマグワ、クリ、アカメガシワなどの広葉樹材とともにスギ、ヒノキも使われていた。板材、角材にはスギが多用されていた。さらに精巧に加工された挽歯式の赤漆塗りの飾り櫛(ヤブツバキ製)が出土している(参考:縄文後期~晩期の井出胯《いでばかま》遺跡(鳥取県西伯郡淀江町)からも赤漆塗りの結歯式櫛が出土しているが、この材種は不明)。

BP五五〇〇年~BP五〇〇〇年(縄文前期後葉)の「真脇《まわき》遺跡」(福井県鳳至郡能都町)からは彫刻柱一点(クリ材の丸太にトーテンポール状の彫刻を施した柱)と半截柱二十四点(中には直径一mくら

いのものもあり、一点を除いて)すべてクリ材であり、また七点検出された丸柱は四点がヒノキ、三点がクリであった。楕円形の浅い皿には細かい加工痕と浮き彫りの装飾を施してあり、材種はトチノキであった。また櫂はヤチダモ製であった。

ＢＰ三〇〇〇年～ＢＰ二三〇〇年(縄文晩期)の「チカモリ遺跡」(金沢市新保本町)からはクリの柱根が多数検出された。丸材四十五点、半截柱二百五十点のほとんどがクリ材であった。柱根の最大径八八・六㎝、八〇㎝以上四点、七〇～八〇㎝六点、六〇～七〇㎝七点、五〇～六〇㎝二十三点、四〇～五〇㎝三十点、三〇～四〇㎝四十九点、二〇～三〇㎝八十一点、一〇～二〇㎝五十一点であった。

「桑飼下遺跡《くわがいしも》」(京都府舞鶴市桑飼下)からは多量の炭化材(燃料用の炭らしい)が出土した。これらの樹種構成は、アカガシ亜属二十点、クリ十三点、オニグルミ七点、ケヤキ五点、マユミ四点、ツノハシバミ四点、シイ類四点、ヤマボウシ四点、トネリコ属三点、サクラ属二点、ヌルデ二点、エゴノキ二点、ミズキ二点、ヤブツバキ一点、その他六点で、ブナ科樹種が全体の四七％を占めていたが、針葉樹はほとんど検出されなかった。

この時代にはクリの巨木を使った柱、トチノキやケヤキやヤブツバキを使った漆塗りの容器や櫛を始め、その他の用具類にも広葉樹材が圧倒的に多く用いられていたのが特徴である。

●弥生時代の木器

弥生時代を正確には限定できないが、ＢＰ二四〇〇年～ＢＰ一七五〇年(三世紀半ば)頃であり、一万年以上続いた縄文時代に比べれば約六百五十年間の比較的短い期間であるが、この間に気候は冷涼・湿潤化し、西日本の低湿地帯には稲作農耕文明が移入し、定着するとともに、階級社会が芽生えるなど、日本文化に大きな画期が起こった。それが木器文化にも顕著に現れている。

弥生前期の「唐古《からこ》遺跡」(奈良県磯城郡田原本町)からは多彩で高度な加工を施した木器類が出土した。これらの木器類は末永雅雄と小林行雄が『大和唐古弥生式遺跡の研究』(臨川書店　一九七六)で詳細に報告している。これより抜粋して以下に紹介する。容器類には、流水紋付き筒型木器一点(ヤマグワ)、鉢形木器九点(ケヤキ《口縁部に段状紋あり》、ヤマグワ《口縁部に流水紋有》、サクラを使用したもの)、高坏形木器四点(ケンポナシ《杯部下部をホゾで接合し、木製目釘で固定》、ヤマグワ《赤色漆の彩文入り》)、彩文付き高坏形木器(ケヤキ《杯部と脚台部の間をヒノキで継ぎ、ホゾで接合》)、匙形木器(イヌガヤ)、杓形木器(ケヤキ)、など轆轤(ろくろ)加工され、赤漆塗りされた精巧な木製容器が特徴である。農耕具・工具類としては、平鍬類、諸手鍬など鍬類八点(いずれもシラカシ)、鋤類三点(イチガシ)、斧頭状木器三点(クヌギ類《長い柄の端部を刃状に加工した木器》)、犂(すき)頭状木器四点(クヌギ類、サカキ)が、生活用具類としては、竪杵七点(ヤブツバキ、クヌギ類)、槌形木器(クヌギ類)、鋸形木器(サカキ)などが検出された。武具類としては、小型丸木弓十五点(イヌガヤ)、黒漆塗り弓五点(イヌガヤ)、剣形木器三点(クヌギ類、イチイガシ)が、装飾具としては漆塗り腕輪一点(ヤマグワ)と朱漆塗り櫛(ヤマガキ?)が、検出されている。これらの木器類は、縄文時代のそれと異なり、材質を熟知したうえで用途に応じた材を使っていること(樹種選択性がすでに確立)、木取り技術も正確で狂いを避けていること、接合技術や漆塗り技術にも長けていることなど、これまでには見られなかった高度な木材加工技術を持つ人たちによって製作されたことが分かる。

弥生後期(ＢＰ一九〇〇年~ＢＰ一七〇〇年)の稲作農耕集落跡遺構として有名な「登呂《とろ》遺跡」(静岡市登呂五丁目)からは水田農耕、竪穴住居、高倉(高床式穀倉)、生活用具、農具類などに使用された夥しい量の木器類が出土した。これらの木器類は亘理俊次と山内　文が日本考古学会編『登呂本編』(一九七八)で詳しく報告しているので、それから抜粋して次に紹介する。登呂遺跡から出土した木器類(大量の建築用柱材や板材をはじめ、丸木舟、容器の槽や盆、高坏、杓子、田下駄、腰掛、有脚台、有頭棒、火きり臼や火きり弓など)の九五%以上がスギ材であったことが最大の特徴である。スギは遺跡周辺に存在した森林から伐採され、供給されたものであろう。スギに次いで多かったのはイヌマキで、イヌマキ(丸柱、丸太材、畦畔杭用割板、梯子、木槌、丸木弓、有頭棒、刀子形木器、柄形木器など)は丸太のまま、あるいは僅かな加工で使われたものが多かった。その他の針葉樹材ではモミ、ツガ、ヒノキ(建物入り口用踏板)、サワラが僅かに使われていたが、マツは全く検出されなかった。広葉樹材では、常緑カシ類(アカガシ、イチイガシ、アラカシ、シラカシ)が農具用の鋤頭部、鍬頭部、馬鍬頭部、耕具柄、鍬刃、広鍬類に選択的に用いられ、スダジイが板材、鉢形木器に使われていた。エノキは杭材に、ケヤキは杓子、鉢形木器、柄形木器に、タブノキは火きり臼に、サクラの樹皮が装飾用巻皮として、またヤナギやヤマナラシが腰掛状木器に、サカキが柄形木器や丸木把手に用いられていた。このように広葉樹材の利用は、特定の用途に選択的に使われ、いわゆる樹種選択性が認められた。

弥生中期の「鬼虎川《きとらがわ》遺跡」（東大阪市宝町弥生町）は稲作農耕集落跡遺構であり、ここからも多量の木器類が出土した。農具の鋤・鍬にはカシ類四十五点、クヌギ、コナラ、クスノキ各一点が、柄振《えぶり》にはカシ類一点が、杵にはカシ類二点、クヌギ、ツバキ各一点が、臼にはエノキ、クスノキ各一点が、籾摘《もみすくい》にはヒノキ、クスノキ各一点が、木包丁にはヤマグワ二点が、田下駄にはクスノキ五点、ケヤキ一点が検出された。また、運搬具の橇《そり》には二葉マツ十八点、カシ類二点、クスノキ三点、ニレ属、ヤマグワ、シキミ各一点が、工具類の石斧や鉄斧の柄にはカシ類五点、サカキ五点、シイ類五点、イヌガヤ、モミ、クヌギ各一点が、鏝《こて》には二葉マツ八点、ヤナギ属二点、カシ類二点が使われていた。紡織具の砧《きぬた》にはカシ類二点、ヒサカキ一点が、紡錘車にはムラサキシキブ一点が、布巻具や糸巻具にはカヤ二点、ヒノキ二点が、腰当にはイヌガヤ一点が検出された。容器類として高坏にはヤマグワ八点、ケヤキ二点が、円形容器類にはヤマグワ十一点、ケヤキ二点が、蓋《ふた》にはヤマグワ五点、ケヤキ一点、把手付き容器にはヤマグワ五点、イヌガヤ三点が、匙《さじ》はカヤ一点、把手はヤマグワ一点が検出された。武具として弓にはカヤ二点、イヌガヤ一点が、矢柄にはカシ類一点が、楯《たて》や鞘《さや》にはモミ十二点、ヒノキ一点が使われていた。漁撈具の刺突具にはモミ十六点、イヌガヤ一点が、櫂《かい》にはカシ類三点が、網枠はカヤ二点、モミ一点が検出された。このように出土点数ではモミ四十点、二葉マツ二十七点、カシ類七十四点、ヤマグワ四十一点が多かった。二葉マツの検出から、弥生中期には遺跡周辺の照葉樹林はすでに開墾されて少なくなり、代わりにマツを主とした二次林が出現していたと考えられる。

弥生後期の「池上《いけがみ》・四《よ》ツ池《いけ》遺跡」(大阪府和泉市池上町、大阪府泉大津市曽根町)からの出土木器類の農具類(鋤四十九点、鍬七十四点、柄振り二点、杵・臼十六点)にはカシ類が、容器類(鉢四十一点、高坏九点、杓子十三点、盤四点)にはヤマグワ、ケヤキ、ケンポナシ、サクラが使われていた。なお、この遺跡ではカシ類とヒノキの使用頻度が顕著で、その割合は五〇%を超えていた。鳥型祭祀用具もヒノキ製であった。

弥生時代中期以降は稲作農耕型定住集落が西日本の各地に形成され、そこで使用される木材はスギ、イヌガヤ、モミ、カシ類、クヌギ類、ヤマグワ、ケヤキ、クスノキなどが用途に合わせて正確に使い分けられていた。しかし開発の進んだ大阪平野では、周辺の森はすでに二次林化し、アカマツやヒノキやクヌギ、コナラといった雑木林が出現し、スギの代わりにアカマツ(二葉マツ)が使われ始めていた。

●古墳時代

古墳時代(四世紀〜六世紀、BP一七〇〇年〜BP一四〇〇年頃)は、弥生時代に続く飛鳥時代までの約三百年間に相当する。飛鳥時代はこの後約一世紀続き、奈良時代となる。

木材加工に鉄製工具(斧頭、手斧、錐、鉋《かんな》、鑿《のみ》、鉈《なた》、釘)が本格的に使われ始めたことにより、加工精度が飛躍的に向上するとともに、多種多様な木材の利用が可能となった。特に西日本では、生産人口の増加が集落の周りの森林を加速的に二次林化することによって、アカマツや陽樹を主とした雑木類の「里山」が出現するようになった。こうして多様な材種がその材質を活かして利用できるようになり、樹種選択性の幅が拡がった。

「纒向《まきむく》遺跡」(奈良県桜井市)からは、スギの建築用材、加工材が、ヒノキの矢板、クルミの矢板、柵、堰材が、カシ類の柄材や棒材が、モミの水工用材のほかにコウヤマキ、シイ類、ケヤキ、トチノキ、ニレの他に、これまであまり使われなかったホオノキ、カツラ、モミジ、ウツギなどの雑木類が検出された。

その他、古墳時代の出土木器類の用途と樹種(この時代になって新しく使われ始めたと思われる樹種)を挙げれば、建築用の柱材にニレ属、ヤマザクラが、桁材にエノキが、その他部材にキハダ、カツラ、ケンポナシ、サワラ、トネリコ、フジキ、ムクロジ、エゴノキ、カエデ類、ニガキ、ハンノキ、アカメガシワ、オニグルミ、クマノミズキなどの雑木類が、さらに土木用材には建築用材からの転用材も含めてサワフタギ、サクラ属、ヒサカキ、コクサギ、クロモジ、フジキ、モクレン属、ユクノキ、モッコク、ヤマウルシ、カバノキ属、シラキ、ヤナギ属、キブシ、クマシデ、コシアブラなど、じつに様々な樹種が使われ始めた。また工具類の柄にグミ属、ヒイラギ、シキミ、シロダモ、アサダなどが、農具にケンポナシ、タブノキ、二葉マツ、アワブキ、サカキ、アオキなどが、田下駄にモミ属、サワラ、クリなどが、紡織具に二葉マツ、カバノキ属、運搬具にモミ、ヒノキが、容器類にモクレン、ヤマザクラ、コナラ節が、木棺にスギが使用されることさえあった。

このように、古墳時代には現在の里山に見られる様々な樹種がさまざまな用途に利用されるようになった。

第4節　山陰地方の古代人が利用した木

全国的にも出土木器類の樹種と用途を体系的に収録したものはまだ限られている。ここでは、奈良国立文化財研究所が纏めた『木器集成図録　近畿古代篇』(一九八四)と『木器集成図録　近畿原始篇』(一九九三)にならって、鳥取県の縄文時代から近世までの出土木器類について、一九七八年から一九九〇年までに調査した二十遺跡の調査報告書に記載された二千九十四点の木器類の全データ(通し番号、遺跡名、形状、用途、時代、樹種)の体系的な整理を試みた。この仕事は安永孝文(鳥取大学農学部卒業論文、未発表　一九九九)氏に負うところが大きかったことを記し、同氏に深く謝意を表する。

全出土木器類二千九十四点の用途別構成は、農具が五百十一点(二四%)と最も多く、そのうちの六七%は田下駄(三百四十点、全体の一六%)であった。近畿地方では、田下駄は農具のうちの六%で、全体の僅か一・五%でしかなかったことと比べると、鳥取地方では田下駄の出土が多かったのが特徴である。ついで容器類(一三%)、土木用材(八%)、建築用材(七%)、食事具(五%)、服飾具(五%)、その他(一六%)の順であり、用途不明(二二%)も約四分の一を占めていた。

時代別構成については、縄文～古墳時代のものが千二百六十八点と圧倒的に多く、奈良時代から中世のものは二百五十四点、近世のものが四百八十四点であった。この三時代の木器類を用途別構成で見ると、縄文～古墳時代では農具(田下駄、鋤、鍬)が約四〇%と最も多く、次が建築・土木用が約三〇%を占め、容器(椀、桶)・食事具(杓子、匙)が約一〇%、用途不明が約二〇%であった。この時代には水田用農具、畦畔土木用、掘立柱建物用材など、稲作農耕に関係する木器類が多数を占めていたことが特徴である。奈良時代～中世では農具は約一五%に減り、逆に容器・食事具・服飾具(下駄、櫛)などの生活用具類が約四〇%と多くを占めるようになった。建築・土木用は約三〇%、残りの一五%弱が用途不明であった。近世になると、さらにこの傾向が進んで、農具は僅か二～三%、容器類が約四〇%、食事具・服飾具などの日用品が約三〇%と大半を占めた。建築・土木用は約二五%、用途不明は一〇%以下に減少した。このように出土木器類の用途別構成割合が時代的に変化したのは、調査した遺跡の性格にも一因がある。すなわち、古代遺跡は低湿地遺構(水田農耕跡、ラグーンやデルタ地帯)が多かったが、近世の遺跡は武家屋敷などの住居跡であったため、出土木器類の用途別構成割合に違いが生じたのであろう。また用途分類では同じ下駄でも、古代の田下駄は泥田に入るための農具であるが、近世の下駄は日用品(装飾品)の履物であるため、その形状も材種も加工程度も違っていた。建築材でも古代の祭祀的・穀倉的性格の建物と近世の庶民の住宅とでは、材種も形状も大きさもかなり異なっていた。これが時代の変遷と言えば、そう言えないこともないが、構成割合を比較する際には注意を要する。

鳥取地方の出土木器類のなかで特徴的な「用途」の田下駄について述べる。出土の多かった田下駄について弥生から古墳時代にかけてその型式変遷を調べた結果、足板部分に抉込《えぐり》みと緒孔《おあな》を併用したものが全国的には多く出土しているが、鳥取地方では稀であった。また耕起具の二つ刃ナスビ形着柄鋤《すき》は、弥生後期から古墳前期にかけて近畿地方から北陸、北関東で出現が認められているが、三つ刃式のものは鳥取地方からしか出土していない。三つ刃式ナスビ型鋤は鳥取地方に特有な型である可能性がある。

次に、鳥取地方の出土木器類の「樹種」の特徴的な傾向は、二千九十四点中樹種が判明していたものは七百二十八点であり、その樹種構成は、針葉樹材が七四％、広葉樹材が二六％で、とくにスギの利用が圧倒的に多く、七百二十八点中四百三十五点(約六割)がスギであった。次がヒノキで、広葉樹材はカシ類、ケヤキ、ヤマグワ、クリが多く使われていた。縄文時代は鳥取地方でも広葉樹材の方が多く使われていたが、弥生時代以降になるとスギの使用頻度が急増した。とくに稲作農耕との関わりで田下駄、水田維持用の土木用材(矢板や堰板)、高床式倉庫や掘立式建物などの建築材に大量の木材を必要とし、その材質としては耐湿耐久性が高く、大量に入手でき、しかも軽量で加工しやすい木材ということで、弥生人は早くからスギに目をつけ、これを集中的に利用したのであろう。近世になると、スギの使用頻度は低下し、代わりにいろいろな材質の樹種が利用されるようになった。その一つがマツ類であろう。山陰地方でマツ類の使用が急増したのは近世のことである。山陰地方の森林の二次林化は中央(近畿地方)に比べて、かなり遅れて始まったと考えられる。

第5節　おわりに

縄文後期から古墳時代にかけての古代人が使用した木材について、西洋から日本、さらに山陰地方（鳥取地方）の出土木器の樹種と用途を俯瞰したところ、ＢＰ五〇〇〇年頃にわが国にも文明の一大画期があった。すなわちヒプシサーマル期を境としてそれまで列島全土に拡がっていた温帯のブナ林・ナラ林帯が北へ後退し始めると、これと入れ替わるように西方から入ってきた暖帯の照葉樹林帯が海岸沿いに急速に展開した。この自然環境の変化によってそこに暮らす人々の生活も大きく変わった。すなわちブナ・ナラ林帯の中での狩猟採取経済の縮小後退に替わって、温暖な照葉樹林帯の低湿地を活かした稲作農耕経済社会が強力に拡大した。この文化的画期は、木材の利用面においても、広葉樹（クリ材）の未加工材中心の利用から針葉樹のスギ材の加工材・板材利用へと一変した。スギ材の高度で多彩な利用技術は、その後の鉄器を伴ったヒノキ材の加工利用技術へと引き継がれ、西日本の稲作農耕文化を飛躍的に発展させるとともに、ヒノキ造りの宮殿建築を伴った中央集権型国家の形成の大きな原動力となった。稲作農耕文化におけるスギ材の集中的な利用は、弥生時代の幕開けとともに山陰（鳥取）地方においても顕著に認められ、この地方が小原二郎氏が『木の文化』（鹿島出版会　一九七二）で述べたわが国特有の白木文化の先駆けとなったことは注目に値する。

暮らしと広葉樹

第4章　暮らしと樹木

橋詰隼人

クリ（栗）

クリはブナ科の落葉高木で、日本に一種野生する。高さ三〇m、直径六〇㎝、大きいものは一・五mになる。幹は直立するが、やせ地では低木状になり、シバグリ（柴栗）の別名がある。九州から北海道西南部まで天然に分布している。

図１　山内丸山遺跡のクリの巨大木柱

クリは縄文時代から人々が利用してきた。青森県の山《さん》内丸山《ないまるやま》遺跡（五千年前）から出土した直径一mの巨大柱はクリの丸太である。富山県桜町遺跡（四千年前）の高床式建物の部材もクリである。このようなクリの大木は現在日本にはなく、山内丸山遺跡ではロシアから巨木を輸入して復元している。桜町遺跡の高床式建物ではクリ材を加工し、柱に貫き穴を作って組み立てている。縄文人は優れた建築技術と木工技術を習得していたことが明らかになった。クリの実は縄文人の主要な食料の一つであった。青森県から福岡県まで広い範囲に縄文遺跡からクリの種子が出土している。花粉分析や炭化した種子のDNA分析から、山内丸山遺跡では、集落の周辺にクリ林が広がり、栽培に準じた取り扱いがなされていた形跡がみられる。安田喜憲氏は縄文文化は「クリによって支えられた木の文化」であると述べている。野生のクリは小粒で四～五gしかないが、品種改良されて、山口県の特産品岸根《がんね》グリのような四〇g以上の大粒のものもある。栽培品種は二百以上あるが、戦後クリタマバチが発生し、実際に栽培されている品種は少ない。クリ栽培で有名なのは長野県小布施町の小布施グリである。クリ材は腐りにくく、家屋の土台や鉄道の枕木に多く用いられたが、戦後推し進められた、広葉樹からなる天然林を針葉樹中心の人工林におきかえていった拡大造林によってクリの林が伐採されて、今日ではクリ材の入手が困難になっている。クリ材は木目が美しく、漆器の素地に用いられる。岡山県蒜山の郷原漆器、石川県山中町の山中漆器などはクリの木理を生かした塗り加工の漆器を作っている。種子はくり飯、和菓子などに用いられるが、町で売っている焼きグリは中国や韓国産のシナグリ(アマグリ)である。シナグリは甘みが強く、渋皮が簡単にむける特徴がある。

ツバキ(椿)

ツバキの花は九州では十二月から咲き始め、北に向かうにつれて開花は遅くなり、分布の北限である青森県では四月中旬以降に開花する。花の少ない季節に咲くことから、日本人のツバキによせ

図2　ツバキの花。園芸品種の一種

る思いは深い。春に咲く木ということから「椿《つばき》」の字が使われているが、「厚葉木《あつばき》」または「艶葉木《つやばき》」から転じたともいわれている。

わが国に分布するツバキ属には、ヤブツバキとその変種のユキツバキとヤクシマツバキがある。ヤブツバキは青森県から四国・九州・琉球・台湾に分布する。竹やぶに混成するのでこの名がついた。常緑の中高木で、高さ一〇～一五m、幹周り三mになる。葉は卵形で厚く、太陽の光があたるとテカテカと光るので照葉樹林を標徴する木である。ユキツバキは東北～北陸地方の多雪地帯に分布し、幹は高さ一～二m、枝は積雪のために横にはうことが多い。ブナ林の中によく見られる。ヤクシマツバキは屋久島の山地に群生する。

ツバキは日本では古くから人びとに関心がもたれ、人間の生活と多様に結びついている。ツバキの材は堅いので昔は武器として使われ、邪気や災いをはらう不老長寿の霊木とされた。奈良時代には風情のある花として歌に詠まれた。花は華やかで美しく観賞用として室町時代から品種改良されて多くの園芸品種が生まれた。現在、日本ツバキ協会に約二千品種が登録されている。観賞用の園芸品種は花型により一重咲（花弁は五～七枚、雄しべは円柱状）、唐子《からこ》咲（花弁は六～七枚、雄しべは小さな花びら状）、八重咲（花弁は十枚以上重なる）、半八重咲（八重咲の花弁の重ねの少ないもの）などに分けられている。伊豆大島の椿園には七haの園内に六百五十品種が植えられており、毎年一〜三月に椿まつりでにぎわっている。大島のツバキは椿油を種子からしぼるために育てられたという。雑木林をツバキだけ残して伐採して椿山に誘導する。椿油は不乾性油で種子に三五％も含まれている。良質の油であり頭髪化粧用、食用油、医薬用、機械油などに用いられるが、種子の採集などに手間がかかり、最近はあまり生産されていない。ツバキは海岸に生え潮風に強く、防風林としての役割りも大きい。また材は堅く良質の木炭が生産される。

ブナ（橅・椈）

和名ブナの意味は不明である。林学では漢字で「橅」と書くが、この字は俗字で漢和辞典にはない。ブナ材は腐りやすく、狂いが激しく、加工が困難で、建築材には向かなかった。その上、林道のない奥山に生え搬出が困難であったので、「木でない」という当て字が使われたものと思われる。ブナは鹿児島県から北海道の渡島半島まで、日本の冷温帯に広く分布し、純林を形成する。高さ二五〜三〇m、直径一・五mの高木になる。青森県と秋田県にまたがる白神山地のブナ林は一三万haもあり、その内一万七千haが世界自然遺産に登録されている。中国地方では大山のブナ林が最も広く、三千haほどが生態系保護地域に指定されている。

ブナ林は多くの効用を有し、今日自然保護の象徴として人々の関心を呼んでいる。各地にブナを植える会やブナ林を保護する会ができている。ブナ林は極相林を形成し、植生が永遠に変化しない

図3　大山のブナ林

ので、国土保全上の役割が大きい。落葉は腐りやすく、団粒状の土壌を形成し、保水力が高く、二百年生のブナノキ一本が一年間に八トンもの水を蓄えるといわれている。また酸性雨を中和する作用が高い。ブナ林の土壌からフラボ酸鉄という海藻の成育に必須な微量成分が海に流れ出る。ブナ林を伐採すると海藻が育たず、魚がとれなくなる。最近は漁協の人達が山にブナを植えている。ブナ林は生態系が豊富で、ヤマメ、イワナ、カモシカ、ツキノワグマ、サルなどの動物が生息し、またブナ、クリ、トチなどの木の実、マイタケ、ナメコなどのキノコ、ゼンマイ、ウド、フキなどの山菜が豊富で、縄文の太古から人々の暮らしを支えてきた。現在でも東北地方の山村では山菜やキノコは大きな収入源になっている。材は床板、家具、曲木《まげき》細工、食器、漆器木地、鉄道枕木、薪炭用、シイタケの種駒など用途は広いが、最近はブナ林が伐採されないので、原木の入手は困難になっている。東北地方では江戸時代から薪炭材としてブナ林が多く伐採され、白神山地でも大部分が二次林であるといわれている。

ケヤキ（欅・槻）

和名ケヤキは「けやけき（すばらしい）木」がつまったものといわれ、木目や心材の美しさからきた

図4　幹がまっすぐで樹姿の美しいケヤキの改良品

図5　根本がいぼ状に肥大した老木

図6　ケヤキの老木

ものである。欅は挙の旧字体で、人が両手で物を差し上げた様子を示しており、まっすぐに伸びたケヤキの幹と、そこから傘状に伸びる樹冠の姿をよく表している。春の新芽、夏の新緑、秋の紅葉、冬の樹姿、四季を通じてケヤキは美しく、並木や公園樹に多く用いられている。また、平野部は風が強く、屋敷まわりに防風用に多く植えられた。武蔵野の代表的な樹木である。ケヤキ材の用途は広く、建築材（神社仏閣、門柱、門扉、土台、大黒柱、床廻り、装飾用）器具材（箪笥、食卓、椅子）機械材、楽器材、船舶車輌材、彫刻材など枚挙にいとまがないほどある。古い民家の大黒柱には必ずケヤキの大木が使ってあり、神社仏閣の主柱、門柱、門扉などにはケヤキの大径木が使われてきた。しかし、現在は直径一m以上のケヤキの大木は少なくなり、一九九一年の環境庁の調査によると、天然記念物クラスの大木は日本中に八千五百三十八本（山奥の天然林を除く）しかないという。ケヤキの材は重くて堅く、心材が赤褐色のものをアカゲヤキ、心材が淡色で青みがかかったものをアオゲヤキといい、前者が高価に取引され

図 7　名和神社のケヤキの大太鼓。直径 1.60 m、長さ 1.70 m

図 8　雲紋状の杢

ている。一本の木材が数千万円もするものもある。江戸時代に鳥取県八東町の山奥から一本の老木が伐り出され四個の大太鼓(俗に兄弟太鼓という)が作られた。現在、名和神社、美保神社、賀露神神社と八東町内の神社に奉納されている。ケヤキの杢は美しく老木の地際部はいぼ状に肥大し、製材すると美しい雲紋状の模様がでる。ケヤキは有用広葉樹で杢の出る品種や並木用の樹姿の美しい品種の改良が行われている。

トチノキ(七葉樹・橡木)

トチノキは落葉大高木で、日本に一種自生する。北海道南部から九州までやや海抜の高い温帯に分布しているが、低地の神社や並木にも植えられている。やや湿気のある肥沃な谷間または中腹の緩斜地を好み、渓畔林の主要な樹種である。直径五、六〇cmのものが多いが、四mの巨木もある。

トチノキと人々の暮らしとのかかわりは、縄文中期以降で、青森県から岡山県までの約四十の遺跡からトチの実や種皮が出土している。大昔からトチの実は食料として利用されてきた。種子にはサポニンやアロインという強烈な苦味物質が含まれていて、そのまま食べることはできない。アルカリで中和してこれらの物質を流し去る必要があるが、縄文人がアク抜き技術を考えだしたことは驚くべきことである。種子はデンプンを多量に含み、栄養価が高く、現代でもトチ餅、トチ麹、和菓子などに利用されている。特にトチ餅は人気が高く、山村ではお正月に食べ、また各地のイベントでもよく売られている。トチの実で村おこしをしようと考えて、トチノキを荒れ地や棚田などに植えている集落があり、品種改良している人もいる。

材は緻密で加工が容易であり、木目が美しく、特に杢のある材は高価である。建築、器具、家具、ろくろ材などに用いられる。花は円錐花序で大きく、雌雄同株、多数の雄花と少数の両性花が着生している。花弁は薄黄色で基部に淡紅色の大きな斑紋があり、蜜を分泌している。養蜂家は花期に

図9　トチノキの花

図10　果実の着生状況

図11　果実の種子

蜂蜜を採取する。花は大きくて美しく、多くの枝に咲き目立つので、並木にも使われている。花弁の赤いベニハナトチノキはセイヨウトチノキとアカハナトチノキの交配種である。

クスノキ（樟・楠）

クスノキ科の樹種は世界に約三十一属二千種もあり、熱帯から温帯にかけて広く分布している。クスノキは、関東以西、四国、九州、琉球、台湾、中国南部、インドシナに分布しており、かつては四国や九州の暖地では樟脳生産のために植林された。現在ではほとんど造林地は見られない。常緑の大高木で、直径八m以上にもなり、わが国に分布する樹木の中で最も大きくなり、各地の神社やお寺にはクスノキの巨木が五千本以上も国の天然記念物に指定されている。葉は濃緑色で光沢があり照葉樹林の代表種である。新緑の美しさとほのかな樟脳の香りは人々に心の安らぎを与える。巨樹では枝が四方に広がり、一本の大樹がそのまま森を形成しているように見える。

根、幹、枝、葉とも樟脳を主成分とする精油を含み、戦前はこれらのチップを蒸留して樟脳などを生産していた。英名カンフル Camphor Tree といわれ、香気を放つので、飛鳥時代には仏像が多く作られた。用途は広く、建築、家具、船舶・車輌用、楽器などに用いられる。木は大きく育つので、昔はくり舟に使われた。厳島神社の大鳥居はクスノキの自然木である。戦前は日本の重要な専売品で、樟脳、セルロイド、写真フィルム、香料、防虫剤、薬品などに利用された。しかし、戦後合成樟脳が普及するようになり、天然樟脳の生産は行われなくなった。高度経済成長期には大気汚染が大きな社会問題になり、公害に強いクスノキは緑化樹として工場の周囲や公園・街路に植えられた。寿命が長く、巨木に成長する。鹿児島県蒲生《かもう》の大クスは幹周り二四・二m、樹齢千五百年で、全国第一位である。香川県善通寺の大クスは弘法大師が子供の頃に登って遊んだと言い伝えられており、これらの巨木の前にたたずむと木の生命力の偉大さに感動し、畏敬の念を感じ手を合わせたくなる。

シイ・カシ（椎・樫）

図12　伯耆の大シイ

温暖で夏に雨の多い東アジアに分布する常緑広葉樹で、ブナ料のカシ・シイ類、クスノキ科のタブやクスノキなどからなっている森を照葉樹林と称している。これらの樹種は比較的寒さに弱く、関東地方から四国・九州をへて台湾、中国南部、ヒマラヤ山地まで、年平均気温一三〜二一℃の暖帯に分布している。葉は厚く、表面にクチクラ層が発達し、日光に当たるとよく光るので照葉の名が付けちれた。照葉樹林帯に住んでいた古代の人は、ウルシを使い、お茶を飲み、水田を耕すなど、さまざまな文化的共通点をもっており、これを照葉樹林文化と呼んでいる。わが国の地名や人名に樫、椎、楠、椿、榊など照葉樹由来の文字が多いことは、わが国の文化と照葉樹林の不可分の関係の一端を物語っている。

照葉樹林には、イノシシ、ウサギや多くの鳥類が生棲し、また木の実が沢山なり、人々の生活を支えてきた。戦中・戦後の一時期にはシイノ実は貴重な食料であった。宮崎県南郷村では今でもカシノ実コンニャクを作っているという。カシ類は材が堅く、良質の木炭が生産される。特に備長炭は火持ちが良く高価である。シイは材質が劣り、薪や柄物に使われたが、大径木になるので建築材にも使われている。

神社にはシイの巨木が残っており、伯耆の大シイは日本一で、天然記念物になっている。照葉樹林は文化の発展に伴って破壊され、今では一〇〇ha以上の大面積の森林は少なくなった。宮崎県綾町では、拡大造林による国有林の伐採に反対し、大面積に照葉樹の森を残した。今は観光の目玉になっており、年間百万人もの観光客がこの森を訪れるという。特に五～六月の若葉のシイの森は美しい。大面積に照葉樹の森があれば生態系が維持されており、栄養分の豊かな水が川へ流れ出て「黄金のアユ」が育つという。森の破壊は回り回って人々の生活を脅かすことになる。

ウルシ（漆）

ウルシ属の樹種は日本に六種生育しているが、漆液を採取しているのはウルシのみである。ウルシは中国・ヒマラヤの原産で隋唐の時代に日本に伝来したと一般に言われている。しかし、九千年

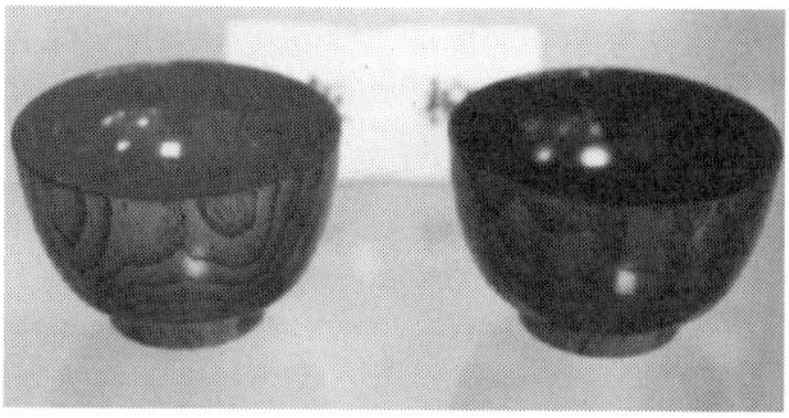

図13　郷原漆器。岡山県真庭郡川上村、飯椀

図14　漆かき。幹に横に傷をつけけて樹液をとる

前の北海道の縄文遺跡や青森県の山内《さんない》丸山遺跡から漆塗りの器具が出土しており、また中国における漆器の出土も殷・周時代（三、四千年前）のものが最初で日本のものよりも新しく、ウルシは縄文時代に日本に野生していたのではないかと考えられる。ウルシは、飛鳥時代の後期から植えられ、江戸時代には桑、茶、楮と共に四木として栽培が奨励された。江戸時代の初期には大量の漆器類や漆塗りの美術工芸品がヨーロッパに輸出された。

漆あるいは漆器を英語でjapanというが、その美しさにヨーロッパ人は感動し、憧れの工芸品であった。江戸時代に輸出された漆器の工芸品は今でもフランスやイギリスの美術館や古城に飾られているという。しかし、漆器の生産は明治以降減少の一途をたどり、現在は日常の生活用品にはあまり使われなくなった。漆液の生産の減少、化学塗料の発達、陶磁器やプラスチック製品の利用など日本人の生活様式の変化が大きく影響しているものと思われる。漆液にはウルシオールという接着力の強い成分が含まれており、腐りにくく、磨けば光沢を発し、文化財の修理・保存や漆器工芸品には欠くことのできないものである。

金閣寺・中尊寺・東照宮など文化財の補修には上質の漆が必要である。かつて日本の各地にはウルシが植えられ漆器産業が栄えたが、現在は輪島塗、会津塗、浄法寺塗など二十産地以下になった。漆器産業の復活をめざしてさまざまな取り組みが行われているが、復活は容易ではないようである。

ミツマタ（三椏・三叉）

ミツマタは中国中南部およびヒマラヤ原産で、高さ一～二mの落葉低木である。枝が三つ又状に出るのでこの名前がつけられた。栽培して樹皮を採取し、紙を作る。いつ頃中国から渡ってきたか定かでないが、足利時代の中葉と推定され、慶長年間にはこれを原料として和紙が作られた。江戸時代には全国二十数藩で紙の専売制がしかれ、藩の重要な換金作物となった。明治九年大蔵省印刷局ではミツマタを原料とした溜漉《ためすき》法を開発し、紙幣への使用を始めた。樹皮の繊維は強じんで破れにくく、紙幣のほか賞状、有価証券、美術紙、民芸紙、金箔台紙などに用いられている。千円、五千円、一万円札はミツマタの繊維で作ったものであるが、最近一万円の偽札が出回り困っている。ミツマタの栽培は高知、岡山、徳島、島根などの各県が盛んであったが、昭和十七（一九四二）年をピークに栽培は減少し、最近はミツマタ畑は殆ど見られなくなった。鳥取県では

図15　かつてのミツマタ畑。岡山県勝山町、昭和50年頃

図16　ミツマタの枝と頭状花。葉が出る前に開花する

三朝町大谷でミツマタの皮はぎをしているのをテレビで見たことがあるが、今でも作っているかどうか知らない。鳥取県智頭町や鹿野町のスギ林の中にミツマタの野生のものがあり、かつては鳥取県内でもかなり広い地域で作られていたのではないかと思う。岡山県は財務省印刷局への納入量が最も多いと聞いている。平成十五（二〇〇三）年四月のNHKの番組で岡山県落合町吉念寺の醍醐《だいご》桜の放映があったが、吉念寺集落の道のそばにミツマタが栽培されているのを見てなつかしく思った。かつて土佐の山村ではコウゾとミツマタは沢山栽培されていたが、数年前にかつての栽培地に行ってみたがミツマタは一本もなく、山全体が茶畑に変わっていた。時代の変化には驚くばかりである。ミツマタは三月に黄色い頭花を沢山着け、華やかである。庭木に植えている人もいる。

コウゾ（楮）

ミツマタに引き続き和紙の原料となるコウゾについて述べる。鳥取県には青谷《あおや》町と佐治《さじ》町に和紙の産地があり、因州和紙を生産している。約千年の歴史があるというが、楮紙の技術は江戸初期に美濃の紙漉職人によってもたらされたとされている。平成十六年の夏に青谷町和紙工房で日本和紙絵画鳥取展があり、全国各地の愛好家が出品した和紙絵のすばらしさに感銘を受けた。和紙の原料にはコウゾ、ミツマタ、ガンピがあるが、青谷の和紙は楮紙で、しかも白色紙ばかりでなく、染色紙・工芸紙が昭和三〇年代より盛んに作られたという。コウゾは野生のヒメコウゾとカジノキの雑種から選抜された品種で、カジノキに近いものが各地の山村で栽培されていた。青谷でもかつては栽培されていたが、今は主にタイ国から輸入しているという。しかし質は日本産に劣り、特に高知県産のコウゾが一番良質という話を聞いた。コウゾは成長が早く、長い繊維を取るために桑のように地上三〇㎝ぐらいで幹を切り、萌芽技を多数発生させて(写真)二mぐらいに伸びた技を冬に刈り取り、束ねて大きな桶で蒸して剥皮する。これが黒皮(写真)で、さらに谷川の冷水でさらして表皮を剥ぎ取り、白い繊維質の白皮を紙すきに用いる。私の子どもの頃にはよく見かけた作業であった。楮紙は繊維が長く強靭で、昔から奉書紙、障子紙、表具紙、包紙などに用いられてきたが、十七世紀以降大量にヨーロッパに輸出され、レンブラントの版画、ピカソやシャガールの絵画に使われ、

図17　コウゾの葉

図18　コウゾの栽培法

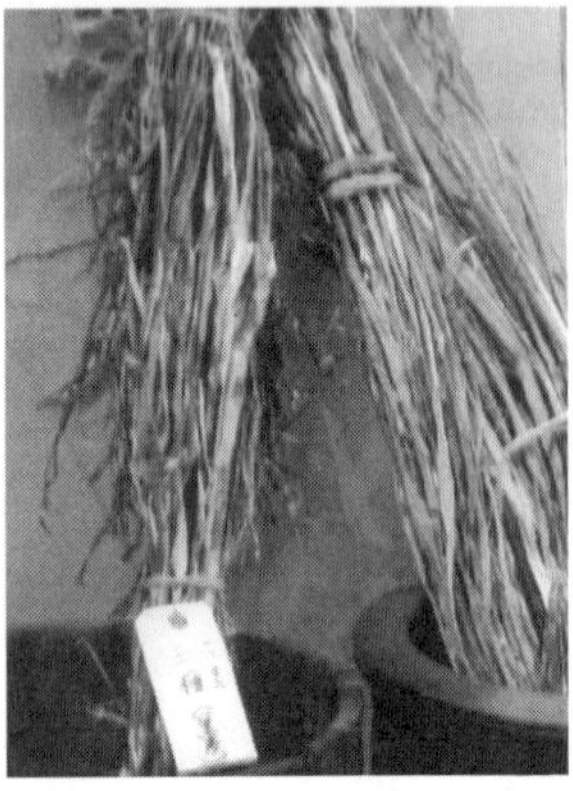

図19　コウゾの黒皮

横山大観や平山画伯も楮紙を愛用してきた。因州和紙は歌磨の版画や浅草、浅草寺のちょうちんなどに使われ、また高級書道用紙で日本一の生産量を誇っている。最近は白色紙の他に各種の染色紙(染和紙)が作られており、用途を拡大している。しかし原料のコウゾは外国産に頼りがちで心もとない次第である。

クヌギ(櫟)

クヌギといえば多くの人はシイタケを連想すると思う。クヌギはシイタケ原木に最も適した樹木である。落葉高木で、岩手県以南、四国、九州に分布するが、雪にはやや弱く日本海側には少ない。昭和三〇(一九五五)年頃までは薪炭材、特に黒炭の材料として良質の木炭が生産された。佐倉炭や池田炭(別名菊炭)は有名である。材は堅くて火持ちもよく、薪としても良質であった。茶室で理想とされる炭は、樹皮がきれいに残っていること、断面が真円に近いこと、切り口に均一に割れ目が入って菊の花のように見えることなどである。池田炭はこれらの条件をすべて満たしており菊炭とも呼ばれ、古来から千利休など茶人が愛用してきた。シイタケ原木としては肉厚で良質のシイタケが発生する。シイタケ原木の四三%はクヌギ材が利用されているという。シイタケ原木には直径一〇cm前後のものが最もよいが、直径が大きくなるに従って、あるいは老木になるに従って樹皮の形態が変化する。外樹皮の形態によって普通肌、チリメン肌、鬼肌、岩肌の四つのタイプに分類されるが、若木にはチリメン肌のものが多く、老木は岩肌になる。最近鳥取ではジャンボシイタケ鳥取

図 20　クヌギの菊炭

図 21　クヌギの樹皮形態（B：普通肌、C：チリメン肌、D：鬼肌、E：岩肌）

茸王が生産されている。

クヌギの果実はタンニンを含み、古代にはツルバミ（橡）といい、煮汁を衣服の染料に用いた。果皮をとり、種子をあく抜きすれば食用になる。韓国ではモックといい、一般の家庭で常食している。韓国へ旅行した時、ある陵墓の周囲にクヌギ林があり幹が異常に肥大したものが多く見られた。不思議に思い尋ねたところ、果実を多く取るために幹をたたくということであった。いわゆる環状剥皮に似た作業で、結実促進処理である。またクヌギの葉でヤママユという昆虫を飼育し、その繭から萌黄色の天蚕糸を紡ぐ。ヤママユの糸で織った反物は黄金の反物で、その着物は数百万円するという。

コナラ（小楢）

ブナ科のコナラはクヌギと同様に里山の代表的な樹種で、人々の暮らしと密接な係りのある樹木である。北海道南部から本州・四国・九州・朝鮮に分布するが、クヌギよりも寒さや積雪に強く、

図23　コナラ老木の地際部に発生したマイタケ。幹の一部は腐朽している

図22　コナラの自然林(左)と萌芽更新による株立ち木(右)。実生林は単幹であるが、萌芽林は副幹になる。旧鳥取大学蒜山演習林

鳥取大学の旧蒜山演習林には標高六〇〇～八〇〇mにコナラの立派な自然林がある。落葉高木で高さ二〇m、直径は大きいものでは一mにもなる。葉は倒卵形～倒卵状長楕円形で、クヌギよりもやや丸味を帯び、鋸歯の先がのぎ状にならない。コナラ材は昭和三〇(一九五五)年頃までは薪炭材の代表的なもので、また、落ち葉は堆肥として利用されていた。萌芽更新といって切株から発芽するので、自然に放置しておいても成林する。

鳥取県日野郡は千年の昔からたたら製鉄の産地として栄えてきた。旧倉吉営林署の依頼で日南町砥波のコナラ林の伐採地を調査したことがあるが、やせ地で表土の腐植層は殆どなく、スギやヒノキを植栽することができなかった。砂鉄採取のために山肌がけずり取られたか、あるいは鉄山林として繰り返し伐採し、製炭したためであると思われる。コナラはやせ地でも育つ木である。現在はコナラの用途の最大のものはシイタケ栽培であるが、コナラのほだ木から発生したシイタケはやや肉薄でクヌギのそれに比べて質が劣る。コナラ林で

は野生の食用キノコ類がよく生える。秋のキノコ取りも面白いリクリエーションの一つである。一度だけ蒜山演習林西ノ谷のコナラの大木の根元で大きなマイタケを見つけて小躍りしたことがある。最近里山の有効利用が叫ばれている。里山の放置されたコナラ林を整理すれば身近なリクリエーションの場になると思う。

ミズナラ（水楢）

ミズナラ（オオナラ）は北海道から九州まで分布するが、冷温帯の樹種なので鳥取県では大山や鏡ケ成《かがみがなる》などの標高八〇〇～一〇〇〇m付近に多い。しかし、鳥取市の久松山の頂上で見たことがある。落葉高木で、高さ三五m、直径二mに達する。材に水分が多く燃えにくいので、ミズナラと呼ばれた。葉はコナラよりも大きく、葉柄がほとんどないので区別できる。

図 24　大径木の樹幹

材は辺材が灰白色、心材は黄褐色である。環孔材で著しい複合放射組織があるため、柾目に美しい紋様が現れ、家具材として賞用される。また建築材（フローリング）、器具材、車輌材、洋酒樽材、シイタケ・ナメコの栽培原木などに用いる。特記すべきことは、ウイスキーの樽材として、日本が外国に輸出している唯一の木材ということである。ウイスキーの樽にはオーク材

図26　種子。やや長楕円形

図25　着果状況。殻斗はリン片状

が使われる。北米産のホワイトオークが最適であるが、材がなくなり北海道産のミズナラが代替品として使われるようになった。第二次大戦後のことである。北海道産のミズナラの樽に貯蔵したウイスキーは、最初はドロ臭くて使えないという評価であった。ところが二十年後に開栓したところ味わいの深い味になっていた。樽に貯蔵して年月がたつに従って熟成し、琥珀色の独特の甘い香味が出てまろやかなウィスキーになったという。現在国有林の伐採は縮小され、どれほどの木材が輸出されているか知らないが、ミズナラ材はこのような特別の用途がある。近年ツキノワグマが人里に出没するようになってきた。ミズナラはクマの生息域に生育し、しかも三十年位で多量に結実し、豊凶の周期も短いのでクマの餌木に適している。最近自然保護のために奥山に広葉樹を植えるボランティア団体が増加したことは喜ばしいことである。

ウバメガシ（姥目樫・馬目樫・姥女橿）

方言では、ウバメ、ウマメ、イマメなど、南紀の炭焼職人はウマべと呼んでいる。名前の由来は、赤褐色の新芽の印象にちなんだも

図27　葉

図28　垣根

図29　果実(種子と殻斗)

図30　樹肌

のとされているが、姥目か馬目か私にはよく分からない。ブナ科の常緑樹でカシの名がついているが、殻斗の鱗片が瓦重ね状に並んでおり、分類学ではコナラ亜属に入れられている。しかし、葉は楕円形で堅く、カシ類の感じである。常緑の中高木で高さ五～七m、直径二〇cm位である。伊豆半島以西の太平洋側の沿岸地帯に分布する。

ウバメガシが有名なのは備長炭《びんちょうたん》である。元禄年間に廻船問屋の備長屋長衛門が「備長炭」の商標で江戸に送ったことに始まる。備長炭は白炭で、耐火性のある赤土と石で独特の窯《かま》をつくり、約一週間かけてウバメカシの原木を炭化させ、一三〇〇度ほどに熱せられたものを窯出しし、土と灰を混ぜた消し粉で消火し、冷却する。炭の表面が素灰(消し粉)で白くなるので白炭という。特別の技術が必要で和歌山県の無形文化財に指定されている。ウバメカシの原木は直径三～五cmのものが用いられる。昔は七～十二年おきに製炭に適したものが択伐(ぬき伐り)されていたが、チェンソーの普及により最近は皆伐されるようになり、資源の枯渇が心配されている。最近の資料によると和歌山県内のウバメカシ林は二〇〇〇ha位しかない。

備長炭は硬度が十五度以上もあり、打ち合わせると金属音がする。火力が強く、灰が少なく焼鳥やウナギのかば焼の燃料として賞用される。直径三〜四㎝の小丸のものがよく利用されており、太い炭は売れないという。一時期中国産の備長炭が大量に輸入されたが、中国政府は洪水防止のため自然林の伐採を禁止し、中国備長炭は輸入されなくなった。最近は燃料の他に粉末にしてレーヨン繊維に入れ、保湿性の優れたTシャツや靴下などを開発しているという。葉が密生してよく繁り、また刈り込みに耐えるので、生垣によく使われる。

クルミ（胡桃）

これまで食料になる野生の木の実（クリ・トチノキ・クヌギなど）について述べてきた。クルミ科の樹種は日本列島に広く分布しているが、野生のクルミで食料になるのは、オニグルミとその変種のヒメグルミである。

縄文遺跡によると、クルミは縄文時代の草創期（一万年前）から食料に用いられていた。

クルミの出土した縄文遺跡の分布図をみると、兵庫県の但馬地方から北の方、北陸、中部、関東、東北、北海道まで出土している。

現在クルミを食料として日常生活に利用しているのは長野県であるが、鳥取県にも標高五〇〇〜八〇〇mの谷筋にオニグルミが散生しているが、県内にはクルミを食べる習慣はない。

図 31　オニグルミ果実

図 32　オニグルミ樹肌
（胸高直径 30 ～ 60 cm）

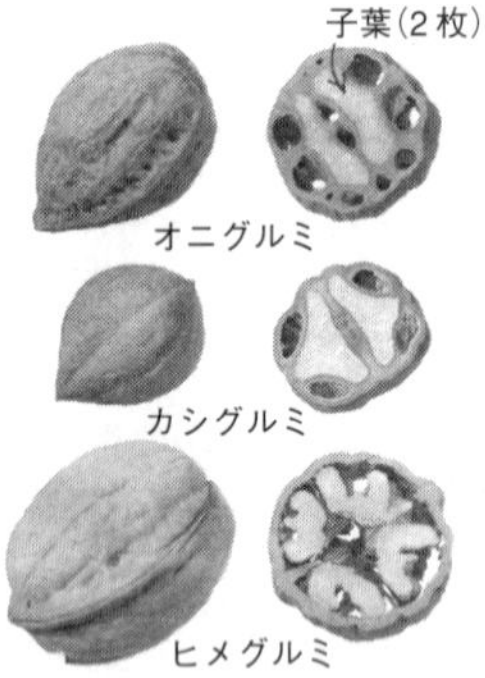

図 33　クルミ堅果

オニグルミは果皮が厚く、石や槌で割らなければ果肉を取り出すことができないが、中国にはテウチグルミといって果皮の軟らかいクルミがあり、長野県ではテウチグルミとペルシャグルミの雑種のシナノグルミが広く栽培されている。

わが国でクルミの生産量の最も多い県は長野県である。

クルミの実(子葉)は蛋白質と脂肪分に富み、栄養価が高く、長野県では正月、盆、あるいは慶弔のハレ料理として用いられているという。クルミ味噌、クルミ醤油、ゴヘイ餅、洋菓子、和菓子などに用いられている。

材は軽軟、ち密、狂いがなく、建築材、器具材、機械材、彫刻材などに用いられたが、明治の中期頃から銃床用として国有林に多く植えられたという。かつて中国へ旅行した時、西安市のホテルの近くの露地の朝市でクルミを沢山売っているのを見た。その時はあまり関心がなかったので買わなかったが、少し買って持ち帰ればよかったと残念に思っている。

日本にはサワグルミとノグルミが分布しているが食用になる実はならない。

キハダ（黄檗・黄膚）

ミカン科の落葉高木で、直径一mになる。樹皮は淡黄灰色で縦に裂けるが、老木ではコルク層が発達して厚く、でこぼこになる。表をはぐと内皮は鮮黄色で、キハダの名がつけられた。口でかむと著しく苦い。ウスリーから中国東北部、朝鮮、日本に分布する。黄色の内皮を乾燥させたものを漢方で黄檗《おうばく》といい、胃腸薬、骨折や捻挫《ねんざ》の湿布薬に用いる。内皮の水製エキスは木曽では「百草《ひゃくそう》」、高野山では「陀羅尼介《だらにすけ》」、山陰では「練熊《ねりくま》」と称し、古くから家庭薬として常備された。内皮にはベルベリンを二～八％含み、現在は胃腸薬の製造に用いられている。薬用として利用する場合は三十年生位で伐採し、剥皮する。七月中旬が伐採の適期で家の軒先に並べて乾燥させる。内皮の黄色の色素は染料としても用いられる。材は木目が美しく、器具材（盆、わん）、家具材などに用いる。コルク質の表皮は鬼皮と称し、額縁や民芸品など

図 34　老木の樹肌

図 35　キハダ植栽。列殖がよいようだ

図 36　剥皮した樹皮を日干しする

に珍重されている。果実も薬用（たんの薬、虫薬）に用いる。鳥取県に分布するチュウゴクキハダはベルベリンの含有率が高く、品質が特に優れている。鳥取県日野町では昭和六十年代からキハダの植林を奨励し、千四百本ほど植樹されたという。昭和六十二年頃だったと思うが日野町黒坂でキハダの内皮を水で煮詰めて丸めて丸薬を造っているのを見学したことがある。平成十年頃会社をつくって煉熊丸を売り出したが会社がその後どうなったか知らない。

最近は中国から多量に安いキハダが輸入されてるという。特産品による山村の村おこしは難しい。

クワ（ヤマグワ）（桑）

昔からクワの葉は養蚕に使われてきた。クワはアジアと北アメリカに十種類ほど分布する。日本に野生するものはヤマグワで北海道から九州まで分布するが、鳥取県内には群生地はなく、稀に山野でみられる程度である。クワの葉は養蚕に用いられた。中国では三千年前からクワの栽培が始まり、日本には十七世紀頃に帰化人によって養蚕の技術がもたらされたという。養蚕に使っていたクワはマグワの変種のロソウ（魯桑）で中国産のものである。葉は日本のヤマグワよりも大きい。子供の頃（昭和初期）父がヤマグワの苗木にロソウの技を接木して苗木を作っていたことを覚えている。クワの実は黒紫色に熟し、戦時中の食料のない時代には子供がよく食べていた。

戦前は、養蚕業は日本の外貨獲得の主要産業で各地にクワ畑が造られ、製糸会社もたくさんあった。筆者は昭和二十三（一九四八）年に鳥取へ来たが、現在の立川町や行徳あたりにクワ畑があった

図 37　ヤマグワの老木。直径30 cm、鳥取県氷ノ山産

図 38　ヤマグワの枝・葉と果実

のを覚えている。大学の農学部には養蚕学教室があり、県には蚕業試験場があったが、ナイロンなど化学繊維の開発により養蚕業は衰退した。クワは成長が早く生命力の強い木である。現在日本で蚕を飼っている農家は稀になったが、クワ畑はまだ少し各地に残っている。クワの葉は蚕が一カ月で大きくなるように栄養分に富み健康食品として桑茶を製造して売り出している業者もいる。クワの成分は糖尿病や動脈硬化を抑制する効果があるという。昔は繭から糸を採り、織物を作っていたが、最近は製薬会社がカイコを飼育して遺伝子工学でインターフェロンを製造しているという。またカイコの蛹の抽出物から健康食品が造られているという話も聞いた。

第5章　木の質

作野友康

生材と乾燥材

伐採した直後の木材を生木《なまき》あるいは生材《なまざい》と称し、材が緑色をしているわけではないが英語ではグリーンウッド(greenwood)という。この生材中に含まれる水分の割合を生材含水率《がんすいりつ》という。生材含水率は樹種・立地・季節・樹体内の部分などによって異なり、特に広葉樹ではその傾向が非常に顕著である。すなわち、表1のように針葉樹では辺材の含水率が心材に比べて非常に高いのに対して、広葉樹では辺材の含水率があまり高くなく、むしろ心材の含水率の方が高いものがあり、ドロノキなどはその典型的な例である。また、ミズナラのように辺・心材の含水率にほとんど差のない樹種もある。

生材を天然に放置して乾燥させると、大気の温・湿度と平衡状態になる。このような状態に乾燥した木材を気乾材《きかんざい》という。この場合の含水率

表1　本邦産樹種の生材含水率(%)

針葉樹			広葉樹		
樹種	辺材	心材	樹種	辺材	心材
スギ	159.2	55.0	ドロノキ	79.0	205.0
ヒノキ	153.3	33.5	コナラ	74.6	67.2
トドマツ	211.9	76.1	トチノキ	123.2	166.1
エゾマツ	169.1	40.6	ミズナラ	78.9	71.5
アカマツ	145.0	37.4	マカンバ	76.9	65.2
モミ	162.6	89.4	シナノキ	91.9	108.3

(越島哲夫他『基礎木材工学』フタバ書店、1973より)

を気乾含水率といい、季節や場所によって異なるが、わが国では一一～一九％の範囲で平均約一五％である。欧米では平均一二％と低いが、わが国でも木材の材質比較をする場合には含水率一二％のものを比較することになっており、この含水率を標準含水率と称している。

商業上乾燥材として取り扱われるのは気乾材であるが、天然乾燥では時間がかかるために、一般には人工乾燥装置によって乾燥されることが多い。

さらに、乾燥器によって木材中の水分がなくなる(含水率〇％)まで乾燥した木材を全乾材《ぜんかんざい》という。全乾状態まで乾燥するには「一〇〇～一〇五℃の乾燥器中で、重量が変化しなくなるまで乾燥すること」とＪＩＳ規格で定められている。

春材と夏材

樹木の肥大成長は形成層の細胞分裂によって新しい細胞を作り出すことによって行われる。形成層の分裂活動は四季のはっきりした地域では、春に最も盛んで冬には活動を休止する。この場合、成長初期には細胞分裂が盛んであるため形成された細胞は壁が薄く形が大きいから、これらの細胞が積み重なって造られた木部の組織は密度が低く粗である。この時期に作られた木部を早材(earlywood)または春材(springwood)という。

一方、成長後期には分裂作用は衰えるが栄養が十分であり、形成される細胞は壁が厚く形が小さい。これらの細胞が積み重なって作られた木部の組織は密となる。この時期に作られた木部を晩材

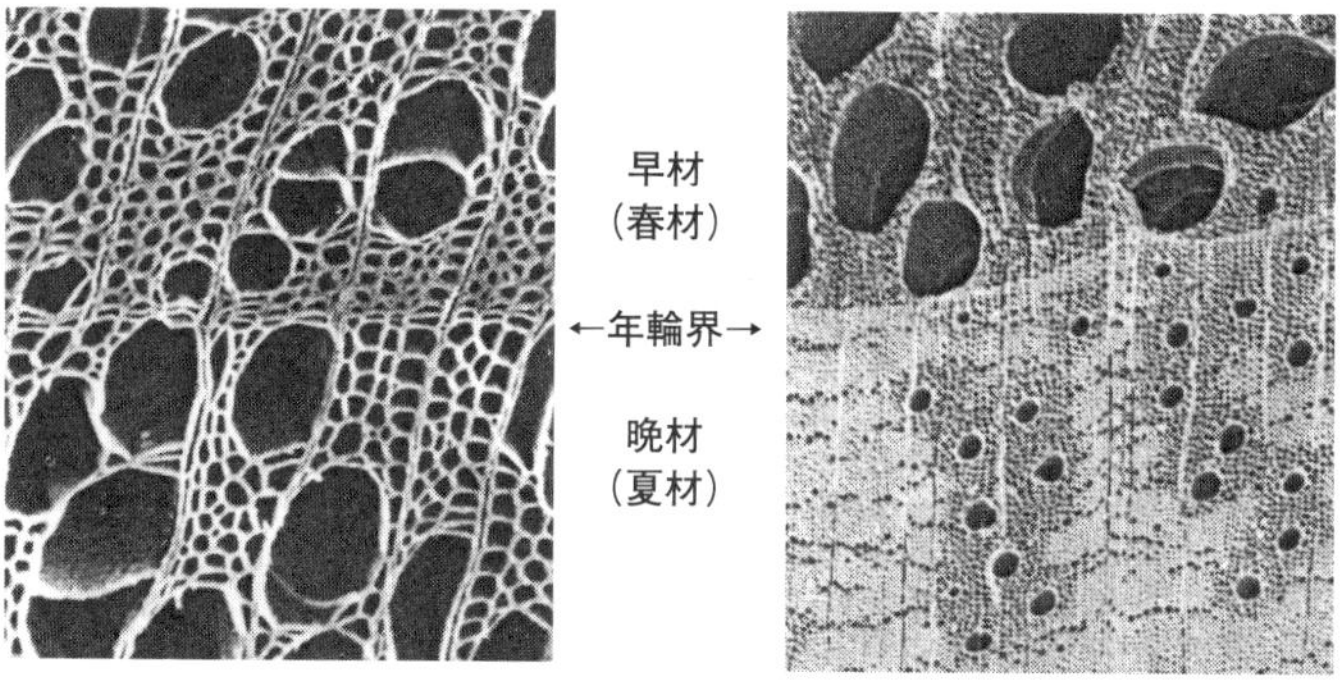

図１　走査型電子顕微鏡で見たドロノキ(日本産材、左)とレッドオーク(米国産材、右)の年輪界と早・晩材部分（左：佐伯浩『木材の構造』日本林業技術協会、1982、右：H. A. Core ほか“Wood Structure and Identification” Syracuse Univ. Press, 1976）

(latewood) または夏材 (summerwood) という。

このようにして形成される木部は一年が一成長期であるので、一年毎に成長の周期が表われることになる。この一成長期に形成される同心円状の層を成長輪 (growthring) という。その成長期が一年の場合に成長輪の早材と晩材(春材と夏材)とを合わせて、特に年輪 (annualring) と呼んでいる。

年輪と年輪との境を年輪界といい、一年輪の幅は成長の速度を表わし、また材の性質などにも影響する重要な因子である。

一般に針葉樹では年輪界が明瞭である。広葉樹では外観的に不明瞭な樹種も多い。また、熱帯では四季がなく成長期がはっきりしないので、熱帯の樹木の成長輪は不明瞭である。広葉樹の年輪界付近における木口面の電子顕微鏡写真を図１に示す。

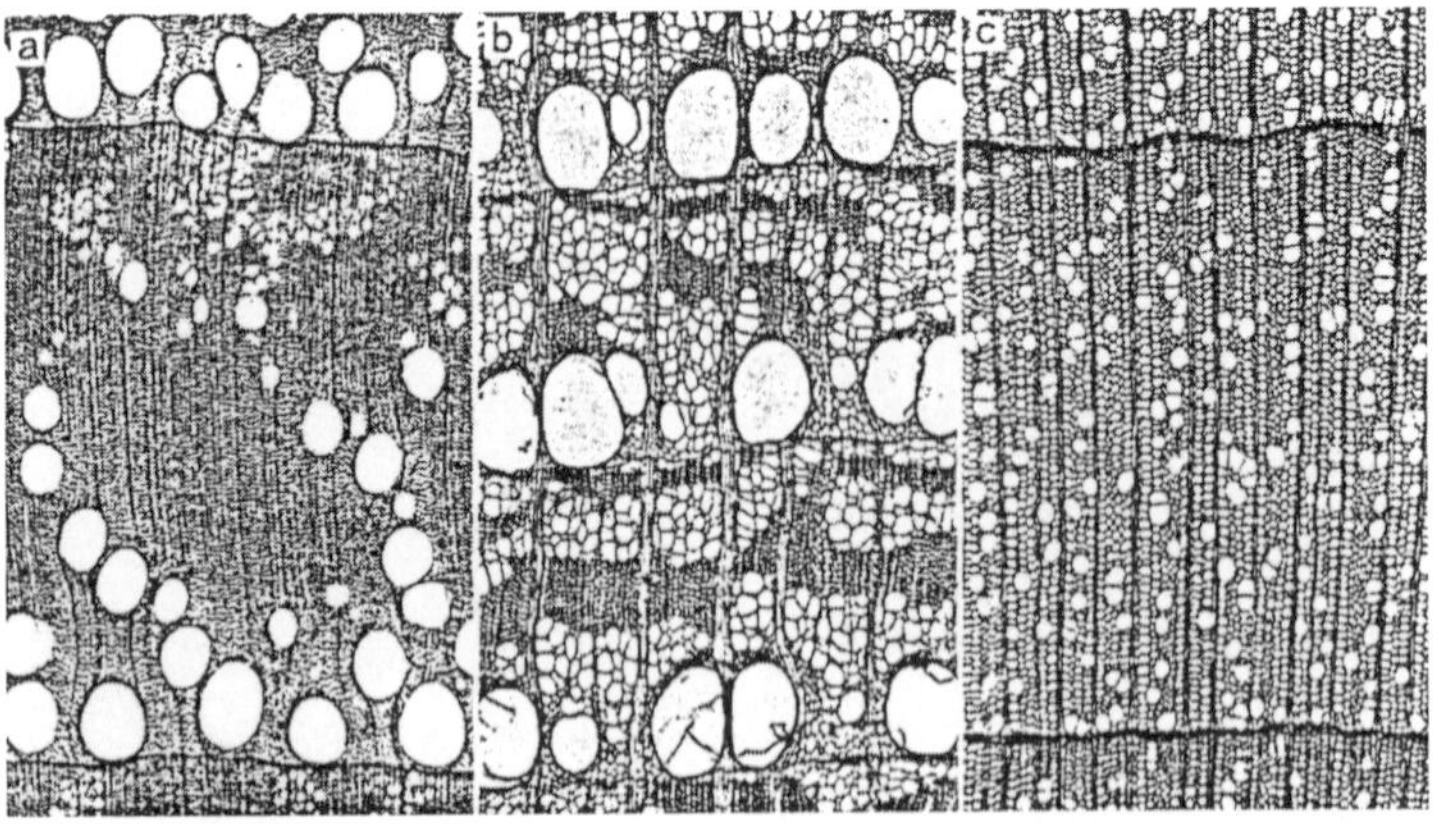

a：環孔材、クリ（多列）　b：環孔材、ハリギリ（単列）　c：散孔材、ホオノキ

図２　光学顕微鏡で見た環孔材と散孔材の木口面
（島地謙他『木材の科学１ 木材の構造』文永堂出版、1985より）

環孔材と散孔材

広葉樹材は針葉樹材に比べると構成細胞が多様化しており、材の構造は変化に富んでいる。構成細胞の中で、特に道管は針葉樹材には存在しない細胞で広葉樹材を特徴づけるものである。針葉樹材では仮道管が水分や養分の通導と樹体支持の役割を兼ねているのに対して、広葉樹材では分業になっており水分や養分の通導だけを受け持つように進化したものが道管である。

道管は横断面（木口面）から見ると大きな円孔になっており、これを管孔という。この管孔の分布の仕方（管孔配列）が特徴的であり、いくらかのグループに分類されているが、その代表的なものは環孔材と散孔材である。

環孔材は年輪の初め（その年に最初に生長する部分）には直径の著しく大きな道管ができて、それらが年輪界（前年の生長部分との境界）に沿って並んでおり、その後の生長部分には径の小さい道管が種々の型に分布している材をいう。広葉樹材は肉眼で年輪界を見分けるのが困難な材が多いが、環孔材はこの大きな管孔の配列によって見分けやすい。日本産材ではおよそ三〇％が環孔材であるが大道管の配列が単列の材（ハリギリなど）と多列の材（クリ、キリなど）とがある。

散孔材は年輪全体にわたって、道管の大きさや配列がほぼ一様か、変化があってもあまり著しくない材をいう。日本産材では約六〇％がこの散孔材であり、その代表的な材はブナ、カツラ、ホオノキなどである。散孔材は年輪界を見分けるのが困難である。

図2に代表的な材の木口面における管孔配列を示す。なお、この他の配列型としては半環孔材、放射孔材、紋様孔材などがある。

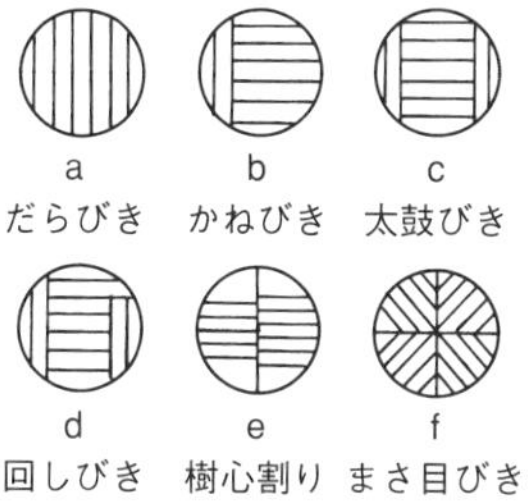

図3　製材木取図（木口面）
（阿部　勲・作野友康編『木材科学講座1概論』海青社、1998より）

図4　板目板の木口面と反り方
（橘高義典・杉山　央『新論 建築材料』市ヶ谷出版社、2005より）

木取りと材面

丸太を製材する場合、採材製品の種類、寸法およびそれらを採材する位置、方向、手順などを決めることを木取りという。この木取りの形式を丸太の横断面（木口面）で示すとおおむね図3のように分類される。このうち、だらびき（a）、かねびき（b）、太鼓びき(c)、回しびき(d)のような形式で製材した場合、丸太の外周(樹皮部)に近い部分では年輪に接して切削された接線断面のいわゆる板目板が採材される。まさ目びき(f)のように年輪に直交するように切削した場合には半径断面のいわゆる柾《まさ》目板が採材される。また、この両者の中間的に切削された場合を追柾《おいまさ》といい、実際に製材された板ではこの追柾が多くみられる。板目板の表面には一般に中央部が山形または筍形で、両辺が平行な木目がみられるが、美しい杢《もく》が現れる場合もある。板の両端面には柾目が現れ、木口面からみると二方柾となる。この板目板の外周側の面を木《き》表《おもて》といい、その反対側すなわち樹心側の面を木裏《きうら》という。しかし、板面をみただけでは木表、木裏を判断するのはむずかしい。生材を乾燥した場合には図4のように木裏面を凸《とつ》にして木表側に反る。

柾目板の表面には平行で単純な木目が現れる。板目板より収縮が少なく、乾燥による狂いなどは少ない。しかし、完全な柾目取りをしようとすれば採材歩止りは極めて悪くなる。

追柾は流れ柾とも称して板面には板目と柾目がいずれかに片寄って現れ、反対側の面ではその逆になるような場合が多い。

「あかみ」と「しらた」

樹木の樹幹内部はだんだん機能が衰えて養分を貯蔵する柔細胞が死細胞となり、生きた細胞は全く含まれなくなる。この部分を心材《しんざい》と呼ぶ。一方、外周の柔細胞が生きている部分を辺材《へんざい》という。内部が心材化していく際に、デンプンなどの貯蔵している物質が「心材物質」に変わって材中に沈着する。そのため、心材は着色して濃い色になり「着色心材」となっていることが多い。これを一般に「あかみ」と呼び「赤身」あるいは「赤味」と書く。また、「赤太」、「赤肌」などと呼ばれることもある。この心材物質にはタンニン、ガム樹脂などが含まれているため耐久性に優れており腐朽しにくく利用価値も高い。例えばケヤキなどは屋外に放置して辺材部分を腐朽させて取除き、心材部分のみを利用するほどの価値の差がある。また、加工して利用しているうちにだんだん光沢が増してツヤが出てくるのも心材部分である。

これに対して辺材は一般に淡色であり「しらた」と呼ばれ「白太」と書く。また、「白身」または「白味」あるいは「白肌」とも呼ばれ、地方によっては「あま」といわれているところもある。

しかし、このように心材と辺材の色調に差がある樹種ばかりでなく、あまりはっきりしない樹種あるいはほとんど区別できない樹種もある。広葉樹では心・辺材の境界が明瞭な樹種としてはクリ、ケヤキ、ミズナラ、ニレ、ホオノキ、ヤマザクラなどがある。図5にアキニレとケヤキの「あかみ」と「しらた」を示す。境界がやや不明瞭な樹種にはミズメ、マカンバ、クスノキ、シナノキ、ハリギリなどがあげられ、ほとんど区別できない樹種としてはサワグルミ、シラカシ、イタヤカエデ、トチノキ、キリなどがある。

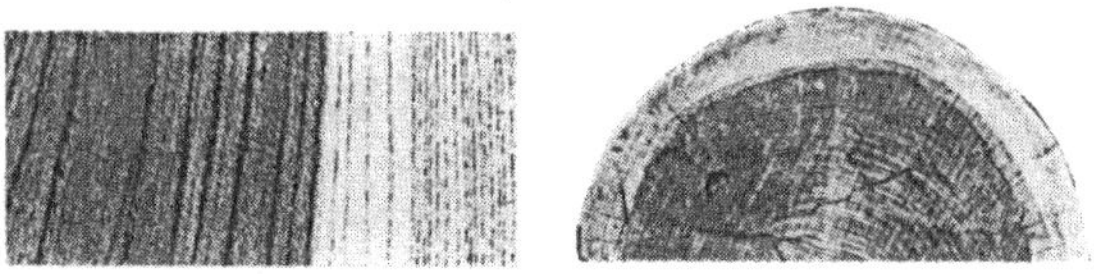

アキニレ柾目面　　ケヤキ木口面

図5　広葉樹材のあかみ（色の濃い部分）としらた（色の淡い部分）

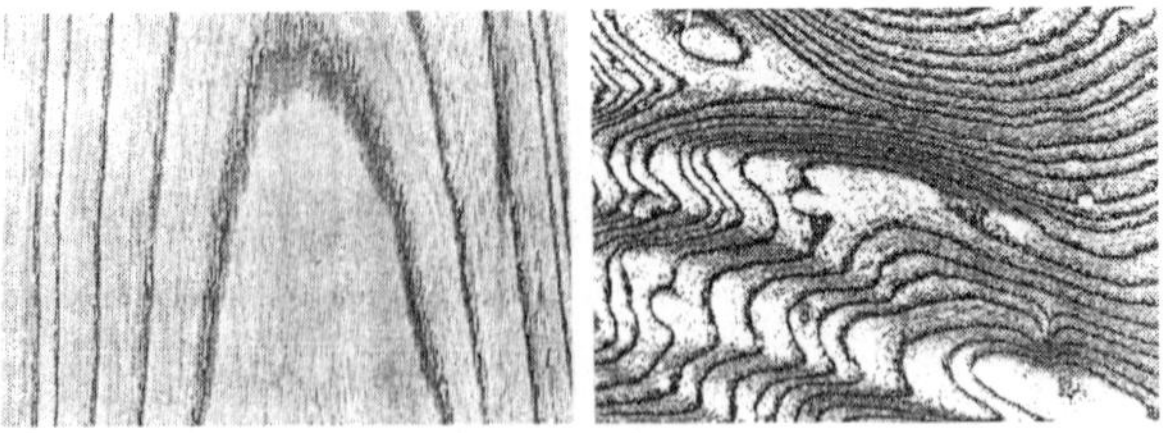

図6　ケヤキの木目(左)ともく(縮もく)(右)

木目ともく(杢)

材面に現れた年輪や組織構造の状態、細胞の配列などの外観的表現を木理または木目といい、次のようなものがある。通直木理：材の長軸方向に平行に繊維が並び、真直ぐ通っているもの。斜走木理：長軸方向に対して繊維の方向がある角度をもち、いわゆる目切れになっているもの。旋回木理またはらせん木理：繊維がらせん状に旋回しているもので、多くの樹種にみられ、カラマツには著しいものがある。交錯木理：繊維の走向が左右反対方向に交互に傾斜しているもので、なわ目ともいい加工が困難である。日本産材ではクスノキに見られ、熱帯産材では多くの樹種にみられる。波状木理：繊維の走向が波状にうねっているもの。カエデなど見る方向によって波が動くように輝くので、絃楽器の裏板、家具、工芸品などの装飾材として珍重される。

細胞の特異な配列や異常などで、材面に特徴的な模様が現れ、とくに装飾的価値のあるものをもく(杢)といい、種々の名称のものがある。リボンもく：交錯木理の柾目面にみられる帯状の模様で〝しまもく〟ともいう。波状もく：波状木理によって現われる模様で〝ヴァイオリンもく

〝あるいは〝ござもく〟などと呼ばれる。まだらもく：交錯木理と波状木理が組合わさって現われる濃淡の断続した模様。泡もく：板目面で水泡状の丸い輪郭の模様で、鳥の眼のように見えるものを〝鳥眼もく〟という。銀もく：柾目面に現われる広放射組織による模様で、ミズナラでは虎斑《とらふ》という。その他に牡丹もく、うずらもく、玉もく、縮もく、ちりめんもく、などと呼ばれるものがある。図6にケヤキに現れる木目ともくを示す。

重さと硬さ

広葉樹の種類は針葉樹に比べて圧倒的に多い。したがって広葉樹の木の性質も多種多様である。木は水に浮くか沈むかと問えば、ほとんどの人が浮くと答えるだろう。その通り、大部分の木は水の中に放り込めば浮き上がってくるので木は水より軽いということになる。ところが、中には浮かび上がらずにそのまま沈んでしまう木もあり、これらを沈木と呼んでいる。

木の重さを表す数値は比重であり、体積に対する重量の割合で示される。この値が一より小さければ水に浮かび、大きければ沈んでしまうというわけである。では、なぜ重くなったり軽くなったりするのだろうか。それは同じ大きさの木にどれだけ空隙《くうげき》があるかによって決まる。どの木でも空隙を除いてしまうとその比重は約一・五になる（真比重という）といわれているから、木を軽くしているのは空隙であるということになる。

木の重さは樹種（木の種類）によって違っており、「ピン」から「キリ」まである。日本の木の中で

「ピン」すなわち、重い木はイスノキやアカガシで比重は〇・八〜一・〇ぐらいで水に沈みそうで沈まないといったところである。「キリ」の方の軽い木といえばご存知のキリ(比重〇・二〜〇・三)である。

キリは昔から我々の生活にいろいろ使われてきたが、これは軽い木というだけでなく、材が軟かくてソフトな感じであるということも大きな要因である。これらの木の軟らかさ、硬さは硬度といって、パチンコ玉のような鋼球を木の表面に押しつけて、一定深さめり込むのに要する力で表わされる。この値は木の重さにほぼ比例して比重の小さい木は軟らかく、大きい木は硬いということになる。イスノキの硬度をキリの値と比較してみると、木口では約五倍、板目、柾目では約三倍大きい値でイスノキが硬い木であることがよくわかる。

暖かみと柔らかさ

木にさわると鉄やコンクリートにさわるのに比べて、「とても肌触りが柔らかくて、しかも暖かみを感じる」というのがごく一般的な木の評価である。

このような、人が触ってみた感じで物の性質を評価する方法を官能検査というが、その方法によって測定した木の暖かみの程度(接触温冷感)を図7に示す。これによると木の種類や、同じ木でも材面によって、その感じ方が違うのがわかる。

キリやバルサといった軽い材は暖かく、シラカシやイタヤカエデのような重い材は冷たく感じる。

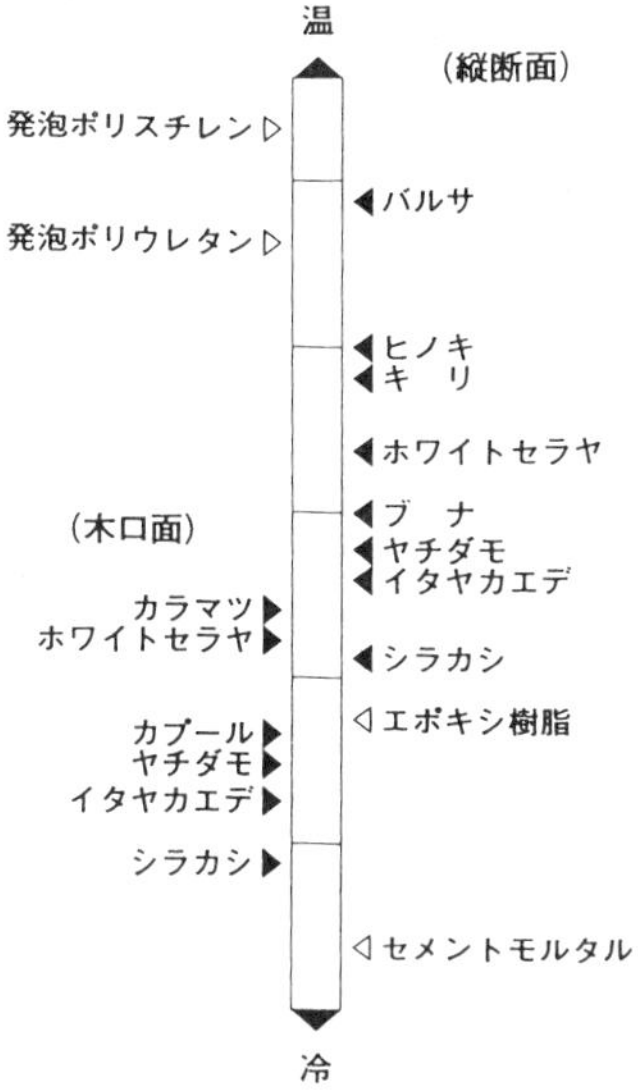

図7　心理尺度で表わした木材の接触温冷感(佐道　健『木を学ぶ木に学ぶ』海青社、1990より)

また、同じ木でも木口面より縦断面(柾目面や板目面)の方が暖かく感じられる。

このような暖かみを感じる程度が違うのは、材料の熱の伝わり方(熱伝導率)の違いによるものである。すなわち熱伝導率の小さい材料に触れた時には、人の皮膚から熱が逃げ難くて暖かく感じるが、逆に大きい材料では熱が逃げ易く、接触部分の温度が低下するので冷たく感じられるということである。

木の熱伝導率は樹種によって違うが、ほぼコンクリートの1／2～1／10で、発泡スチロールの三～十倍の範囲にある。

樹種によって違うのは、木の中の空隙量の違いによるもので、軽い木の方が空隙が多いから暖かく感じるのである。また材面の違いによって異なるのは、熱の伝わり方に差があるからである。

一方、木の表面が柔かく感じられるのは、木が振動や衝撃を吸収する性質を持っているためである。

表2　木材の色

材の色	樹種
1．淡色で白色に近い	（トドマツ、モミ）、サワグルミ、ミズキ、アオハダ
2．黄色～黄褐色、帯黄褐色（黄色を帯びるが褐色が強い）	（イチョウ、カヤ、ヒバ）、メギ、ツゲ、ウルシ、ヤマハゼ、ヤマグワ、キハダ、ハリエンジュ
3．赤色～赤褐色	（イチイ、スギ）、ミズメ、アサダ、アカガシ、チャンチン、ツバキ、ヤマモモ、モッコク
4．褐　色	（ネズコ）、クリ、ミズナラ、ハルニレ、カツラ、ヤチダモ
5．帯紫紅褐色～紫褐色	イスノキ、シタン、ブラックウォールナット
6．黒　色	（スギ（黒芯））、クロガキ、コクタン
7．その他　暗灰緑色	ホオノキ
橙　色	ケヤキ

（　）は針葉樹、他は広葉樹（島地　謙他『木材の科学1 木材の構造』文永堂出版、1985より）

木の色と光沢

木の魅力の一つは樹種によって材色がいろいろ異なっていることであろう。広葉樹の材色は広範にわたっているが、これを材色毎にまとめて主な樹種をあげると表2のようになる。ミズキのような白色に近い材は白木と呼ばれ、その材面のもつ清潔感は日本人好みである。また、着色したりするのにも都合がよく、こけしの材料などに用いられる。一方、コクタンやシタンのような黒色や褐色系の材は、その重厚さなどから銘木として扱われることが多く材価も高くなっている。同一樹種でも部位によって材色が大きく異なる場合も多い。一般に辺材は淡色で心材は濃色になっている。

このような樹種や部位による色の違いは、材中に含まれる抽出成分の種類や量の差によって生ずるものである。材表面に当たった光の反射と材中への吸収の度合が抽出成分によって異なり、材色の変化をもたらす。この材色を表示するための測定方法はいろいろあるが、例えばマンセル表色系は色の三属性である色相、明度、彩度で表示する。このような材色を数値的に表示するのにはカラーコンピューターと呼ばれるような色測機器が用いられている。

光が材面に当たった時の反射による輝きの度合が光沢であり、いわゆる〝木のつや〟と呼ばれる。光沢も樹種によって異なり、その相違は反射率によって測定されるが、一般的には主観的に判断していることが多い。それによるとキリの銀光沢、ツゲの象牙光沢、モミジの絹光沢といった表現がなされている。断面による光沢の度合を比較してみると、木表が木裏より強く、また、木口、板目、柾目の順に強くなる。

材色や光沢は材面切削後長時間経過すると変化して、材色が淡くなるものや濃くなるもの、光沢が強くなるものや弱くなるものがある。

収縮と狂い

伐採した直後の生材は含有水分の割合（含水率）が一〇〇～二〇〇％に達するものもあることは、生材と乾燥材の項で紹介した。そして、生材を加工利用するためには、天然あるいは人工乾燥によって平衡含水率（約一五％）程度あるいはそれ以下に乾燥しなければならない。この乾燥中に、木材は繊維飽和点（含水率約三〇％）以下になると含水率が低くなるにつれて収縮してくる。収縮の程度は木材の構造方向によって異なり、接線方向が最も大きく、この方向の収縮を十とすると、半径方向

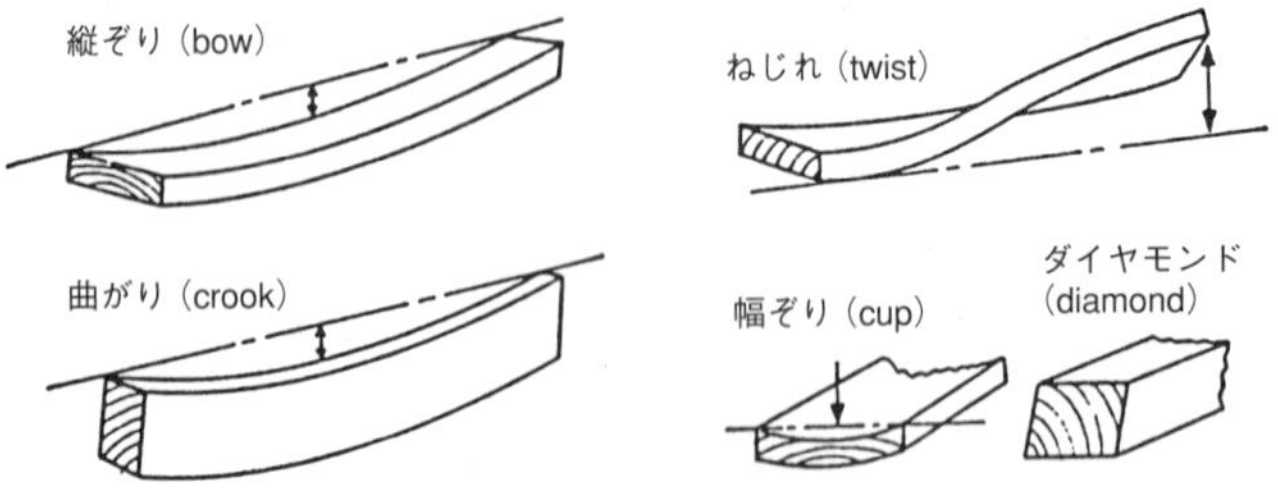

図８　木材の各種の狂い
（日本木材学会編『木材の利用１ 木材の加工』文永堂出版、1991より）

では半分の五、繊維方向では十分の一以下（一〜〇・五）の割合になる。このように構造方向によって収縮の割合が異なることを「収縮異方性」といい、このことが木を狂わす大きな原因の一つとなっている。

木の「狂い」とは乾燥にともなう収縮と、この時に発生する材内や材面における応力の不均一な分布によって生ずる材の変形の総称であり、「腐る」、「燃える」とともに木の三大欠点の一つにあげられる。狂いには図８に示すように幅ぞり、縦ぞり（弓ぞりあるいは単にそりともいう）、曲がり、ねじれなどがある。幅ぞりは純粋に収縮異方性によって起こるもので、板目板では避けることのできない現象である。この場合、木表側にそる。縦ぞりも板目板に起こりやすいそりで、収縮異方性のほか不整な木理やあて材に起因して生じることが多い。曲がりは柾目板に起こりやすいそりで厚さ方向に曲がる。ねじれは縦ぞりと曲がりが同時に起こったような現象で板目、柾目のいずれにも生じる。

人工乾燥する場合には低めの温度条件に保つことにより狂いを軽減することができる。

圧縮強さと引張り強さ

木材の強さはその組織構造上の特徴から、力を加える方向によって大きく異なる。すなわち、樹木が立っている方向に平行な軸方向(縦方向)の強さは、それに直交する方向(横方向)の十倍以上にもなる。また、横方向でも年輪を横断する方向(半径方向)と年輪に接する方向(接線方向)との間でも異なる。そして、強さを示す値も圧縮、引張り、曲げといった力の加え方の違いによって異なる。これらの強さを測定する方法は日本工業規格(ＪＩＳ)に規定されており、その方法で測定した主な広葉樹材の縦圧縮強さと縦引張り及び横引張り強さを表3に示す。

表3　広葉樹材の圧縮及び引張り強さ

（単位 kg/cm²）

樹　　種	縦圧縮強さ	縦引張り強さ	横引張り強さ 半径方向	横引張り強さ 接線方向
キ　　リ	250	520	45	40
ブ　　ナ	490	1,100	185	90
ミズナラ	390	1,370	140	100
ケ ヤ キ	560	1,200	170	125
ニセアカシア	520	1,380	165	110
イチイガシ	650	1,670	200	80
アピトン	650	1,670	85	50

（上村　武他編『木材活用事典』産業調査会、1994より）

木材の強さの中でも縦引張り強さが最も大きな値を示し、この表でも縦圧縮強さの二倍以上の値となっている。しかし、横引張り強さは半径方向、接線方向とも、これらに比べると非常に小さな値となっている。他の材料の圧縮強さや引張り強さと比較してみると、イチイガシやアピトンのように値の大きい材の縦引張り強さは軟鋼の約1／4程度、縦圧縮強さはコンクリートよりやや弱い程度であり、構造材料の中では中の上ぐらいだといわれてい

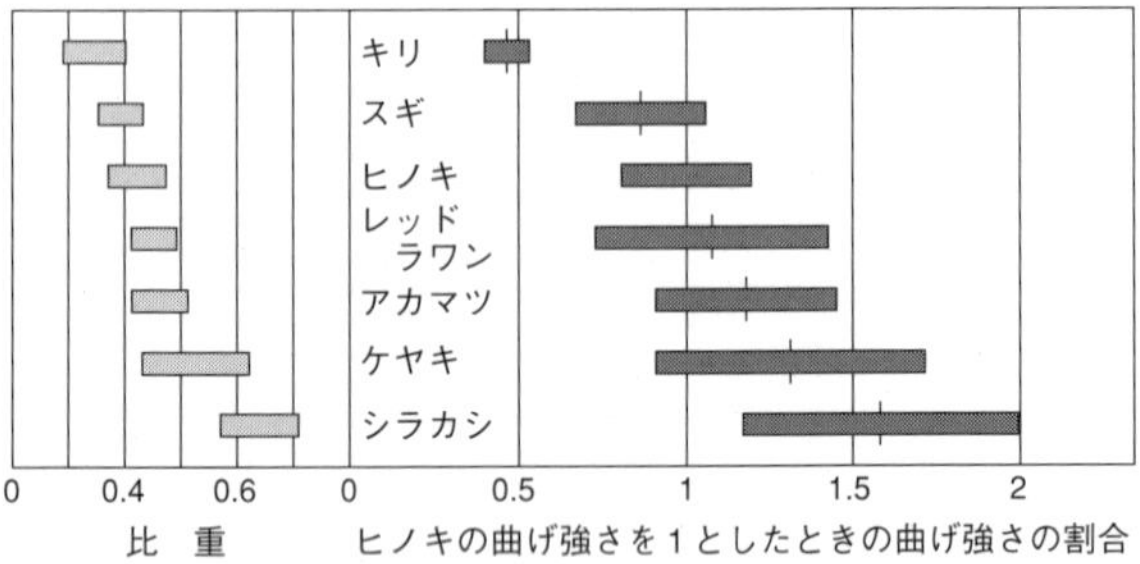

図9　主だった木材の比重と曲げ強さ
（佐藤　健『木のメカニズム』養賢堂、1995より）

る。ところが、木材の比重は小さく、上記のような材で軟鋼の1／20、コンクリートの1／5程度である。したがって、比重に対する強さの程度を比較してみると、これらの材は軟鋼やコンクリートより強い材料ということになる。木材は軽くて力の強い材料であるといえる。

曲げ強さと比重

木材片を二つの支点で支えて中央に荷重を加えて曲げようとすると、その力に抵抗して木材の中では三種類の応力が生じる。すなわち荷重が直接かかる上面では圧縮応力が、下側では引張応力が、そしてその中間ではせん断応力が生じる。これらの応力が生じて支えようとするが、だんだんたわみが大きくなって曲がっていく。そのたわみの程度はヤング係数で表される。

加えられた荷重に木材が耐えられなくなると、折れて破壊に至る。この時の荷重を曲げ破壊荷重という。この値に支点間の距離、木材の断面形状等の値を加えて曲げ破壊係数が計算される。この値を一般には曲げ強さという。

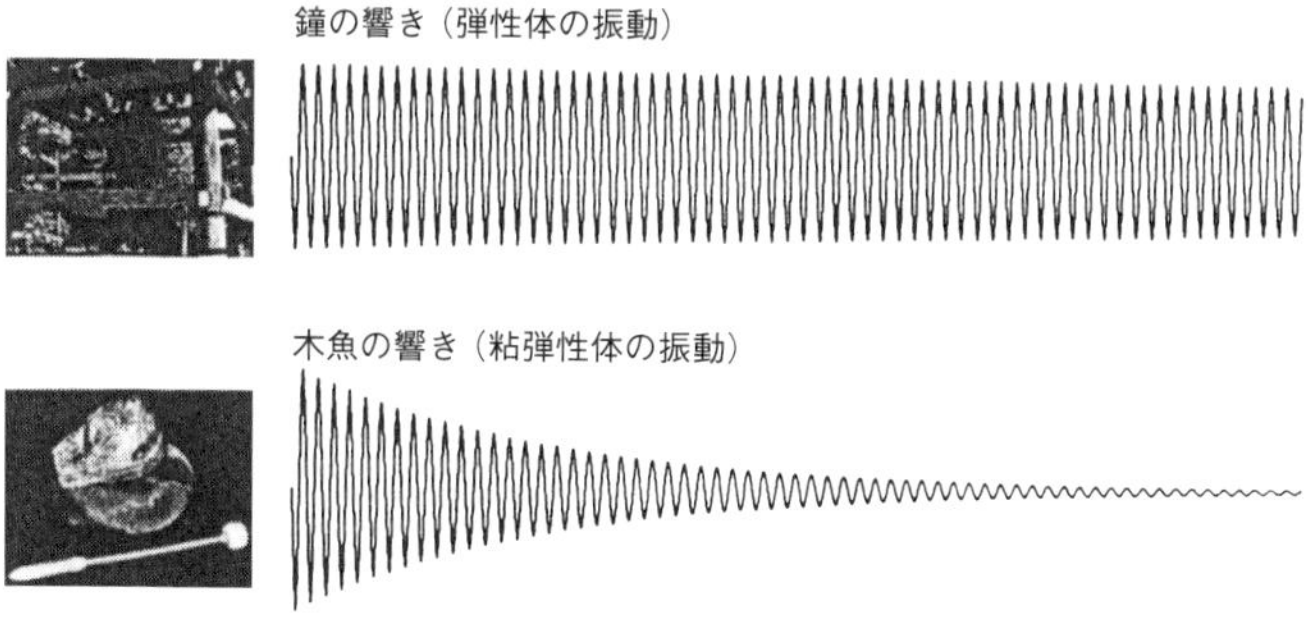

図10　鐘の響きと木魚の響き。弾性体と粘弾性体の振動の減衰の比較
（佐藤　健『木のメカニズム』養賢堂、1995より）

曲げ強さは木材の比重によって大きく変動するため、樹種によってその値が異なる。図9に各樹種の曲げ強さと比重の関係を、ヒノキの値を一として比較して示す。広葉樹ではキリのように比重の低い材は曲げ強さの値もヒノキよりはるかに低いが、シラカシのように比重が高ければ曲げ強さの値も高くなり、その差の大きいことがよくわかる。また、同じ樹種でも比重の変動が大きいために、曲げ強さの値も変動が大きくなる。

結局、曲げ強さの強い木材は比重の高い重たい木材であることは明らかであるが、利用上はあまり重たい材でなく適度の重さの材がよい。そのためにヒノキを基準として示されている。レッドラワンは変動が大きいがヒノキとほぼ同じ程度である。

音の響きと反響

お寺の鐘の音は長い間響いているが木魚の響きは短い間しか聞こえない。それは青銅（弾性体）と木材（粘弾性体）の振動に対する性質の違いによるものである。

鐘の響きと木魚の響きを振動の減衰比較でみてみると、図10

のように明らかに異なっている。また、コンクリートの壁面では音の反射する割合が大きく室内での反響が大きいが、木材の壁にすると壁面が適度に音を反射、吸収するので静かで落ち着いた室内環境にすることができる。

コンサートホールなどの音響効果を重視する室内の内装にほとんどの場合木材が使われているのもこのような理由による。

木材の音響に対する粘弾性的特性を利用して、種々の楽器に木材が使われている。

木材は叩くと振動して音を出すが、比重が高いほど、長さが短いほど、乾燥しているほど高い音を出す。叩いて音を出す楽器には重硬で減衰の少ない材が望まれるので、拍子木にはカシ類やシタン、コクタンなど、シロフォンにはローズウッド、カリン、オノオレカンバなど、木魚にはクスなどの広葉樹が使われる。

一方、弦の振動を共鳴・放射させるようなピアノやバイオリンなどの楽器の共鳴胴表板には、スプルースやアカエゾマツなどの針葉樹材が適している。

琴、箏、琵琶など和楽器の表板にはキリが用いられる。しかし、これらの楽器でも装飾的な面が重要視される裏板、横板、棹には美しい木目や色のシタン、コクタン、カリン、カエデ、クワ、ケヤキなどの重硬な広葉樹が使われている。

生き節と死に節

樹木の肥大成長によって、幹の木部内に包みこまれた枝の基部が節である。樹木が生きて生活するためには枝を伸ばして葉を広げ、成長に必要な栄養分やホルモン類をつくらなければならない。したがって、樹木にとっては枝が重要な役割を持っており、幹と枝は一体となって成長を続ける。

（a）幹の縦断面に現れた節（スパイク状）

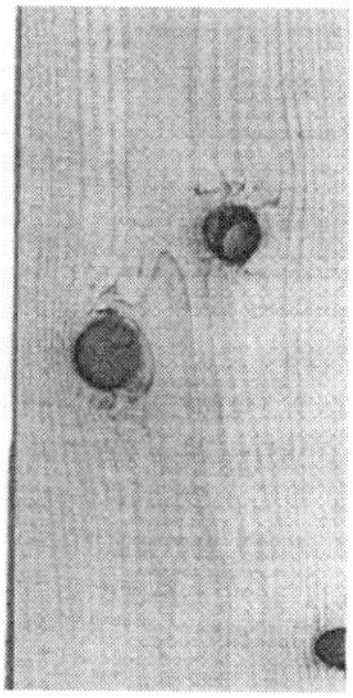

（b）材面に現れた節の生き節（左）と死に節（中央）

図11　スパイク状の節と丸節

この成長を続ける枝から生じた節を「生き節」といい、これが健全な成長をした足跡ともいえるが、木材としてはさけられない欠点ともなる。生き節の周りでは、幹の木理が局所的に大きく湾曲しているので、木材を加工する場合にはこの部分が欠点となってくる。

節は樹幹内に円錐体状に入り込んでおり、材面に現れる節の形状はこの円錐体がどのように切断されるかによって変わってくる。

円錐体の軸と同じ方向に切られた節はスパイク状にとがった形に現れる（図11(a)）。

また、軸に直角方向に切られた場合は丸い形となり「丸節（図11(b)）」といい、軸に傾斜した方向で切られると卵形に現れるのでこれを「楕円節」という。

樹木が成長する過程で、枝の中にはやがて枯れるものがあるが、この場合枝の形成層活動は停止して、枝には新たな木部が形成されなくなって枝と幹との木部組織の連続性がとだえてしまう。そして、枯れた枝の部分は樹木の肥大成長によって木部内にうずもれていき、幹と枝は分離してしまう。

このような節が材面に現れた場合これを「死に節」といい、節の部分が抜け落ちると「抜け節」となる。さらに、節の部分が腐ったものを「腐れ節」という。

圧縮あて材と引張りあて材

傾斜した幹や枝の上側と下側とでは肥大成長に差異が生じ、どちらかに成長が片寄った偏心成長をする。この偏心成長が促進された部分には「あて材」と呼ばれる異常な組織がつくられる。この部分は正常材と比べて著しく異なった性質を示し、木材利用上の欠点とされている。

針葉樹と広葉樹ではあて材のできる部分が逆になり、針葉樹では傾斜の下側、すなわち圧縮される側にできるので「圧縮あて材」と呼ばれる。これに対して、広葉樹では傾斜の上側、すなわち引張られる側にできるので「引張りあて材」と呼ばれている。

圧縮あて材と引張りあて材では、このように現れる側が反対であるばかりでなく、あて材部の物理的、化学的性質も対照的である。

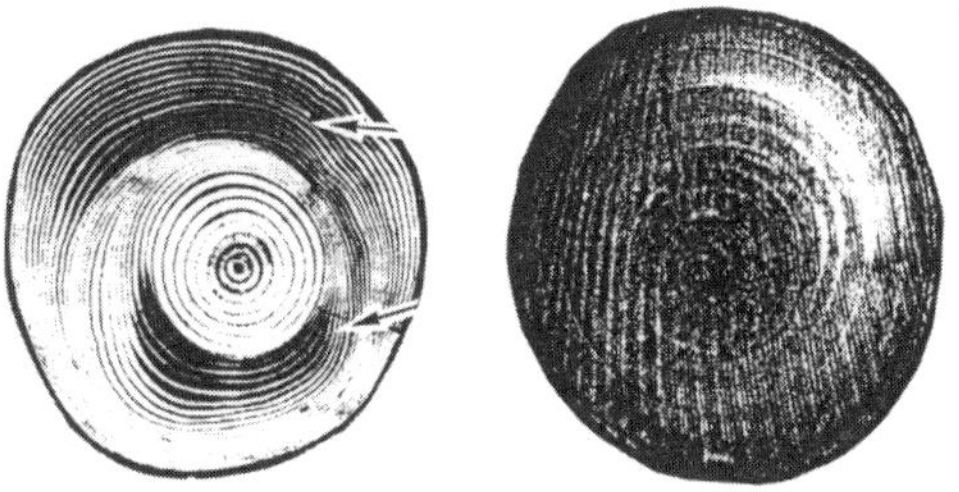

トドマツの圧縮あて材（矢印）二度反対の方向に傾斜したことを示す

ケヤキの引張りあて材（右上の白く光っている部分）

図12　あて材の例

まず、肉眼的に圧縮あて材が濃暗褐色を呈するのに対して、引張りあて材は材色が薄い銀灰色を呈して白っぽく光ってみえる。両あて材の木口面を比較して図12に示す。

物理的性質は正常材に比べて圧縮あて材では軸方向の収縮率が極端に大きく、材の反り、狂い、割れが生じやすい。引張りあて材ではゼラチン繊維の存在が最大の特徴であり、乾燥はしやすいが狂い、割れ、落ち込みが生じやすく、軸方向、接線方向の収縮率が大きい。引張り強度は大きいが圧縮強度は小さい。

化学的特徴として圧縮あて材ではリグニンが多くセルロースが少ないが、引張りあて材では反対にリグニンが少なくセルロースが多い。

劣化と老化

木材が時間の経過にともなって、物理的・化学的変質を起こして物性が低下していく現象を「劣化」という。劣化を生じさせる原因は木材自体が内部的に徐々に変質していく、いわゆる「老化」と外部からの熱、水分、紫外線などの作用、あるいは菌や虫による加害などである。劣化に対する抵抗力

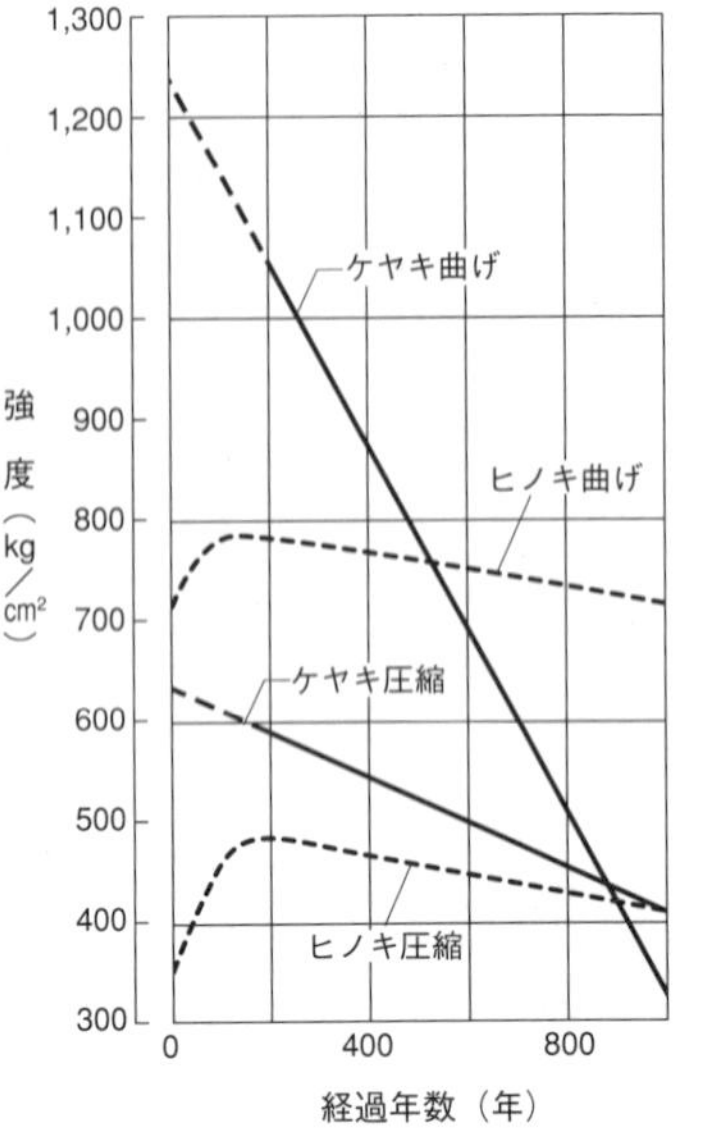

図 13　ヒノキとケヤキの強度の経年変化の比較（西岡常一・小原二郎『法隆寺を支えた木』日本放送出版協会、1978 より）

は樹種や木材内の部位によって異なり、その程度は外観や微視的な組織構造の変化、強度の低下などによって判断される。

　木材の老化現象を強度の経年変化によって、広葉樹と針葉樹の代表であるケヤキとヒノキについて比較してみよう。図13に示すように、ケヤキは新しい材ではヒノキの二倍近い強度があるが、その後は年数がたつにつれて急激に低下していき、非常に老化の速い木材であることがわかる。これに対してヒノキは、初期の百年ぐらいの間は強度が上昇して強くなっていき、その後は低下していくがその程度はわずかで、千年ぐらいたっても新しい材と同じ程度の強度を保っており、非常に老化しにくい木材であるといえる。このような老化過程の違いは、木材の主成分であるセルロースの崩壊に対する抵抗力の違いによるものである。ケヤキの崩壊速度はヒノキの五倍も速く、ケヤキの百年間の老化はヒノキの五百年間の老化に相当することになる。

表4　国産広葉樹心材の耐朽性比較

耐朽性分類	樹　　　種
極　　強	ニセアカシア、ヤマグワ
強	クリ、ケヤキ
中	アカガシ、カツラ、イスノキ、イヌエンジュ、キハダ、キリ、クスノキ、クヌギ、コナラ、シイノキ、ホオノキ、ミズナラ
弱	アカシデ、イタヤカエデ、カキ、トチノキ、ハリギリ、ミズメ
極　　弱	ブナ、シイノキ、シラカンバ、ドロノキ、ミズキ、ヤマナラシ、サワグルミ、ヤマハンノキ

（屋我嗣良他編『木材科学講座12 保存・耐久性』海青社、1997より）

耐久性と耐朽性

木材はどれぐらい長持ちするのかと問われることがよくある。そのことを表わすのに「耐久性」という用語が使われる。その耐久性を左右する因子は種々あるが、中でも木材の三大欠点の一つとしてあげられる「腐る」という因子が重要な指標となっている。この腐り易いかどうか表わすのが「耐朽性」という用語である。

木材を腐らすのは木材腐朽菌といわれる菌類で沢山の種類がある。木材が腐朽菌の繁殖するのに都合のよい条件のところに置かれた場合には、その菌に侵されて腐っていく。一般に辺材は腐朽し易いが、腐朽菌に対する抵抗性は樹種によってかなり差がある。その差は特に心材で顕著であり、国産広葉樹の心材の耐朽性を比較して分類したものを表4に示す。

最も耐朽性のある極強や強の樹種は少なく、多くの樹種は中から極弱に分類されている。「橅」という字を当てたブナは極弱で極めて腐り易く、材が使いものにならない木ということを表わしているといわれている。しかし、今や家具やフローリングなどに使われ、重要な木材であることはご承知の通りである。ちなみに、針葉樹のヒノキやヒバは強、スギは中、アカマツは弱、エゾマツやトウヒは極弱となっており、極強に分類されるものはない。

第6章　薬木のはなし

文　谷岡　浩、挿し画　福嶋千恵子

くすりの歴史

くすりの歴史は人類の歴史と共にあると思われる。石器時代の地層や住居遺跡からは、多数の植物の遺物や痕跡が発見され、その中には今日くすりとして用いられるものが多くあるので古代の人々は何らかの形でこれらを利用していたと思われる。

古代の人々にとって病は死に直結する一番恐ろしいものであったに違いない。彼等は病は邪悪なものが体に取り憑いて生じるものと思い、専ら悪霊退散のための祈祷を行ったことだろう。草や木はこのとき用いられ、特に香りのあるものは辟邪《へきじゃ》の効があると考えられて身に纏《まと》いあるいは食べたことだろう。このような原始医療の名残りは今日、内服や服用という言葉に残り、芳香のある菖蒲や、蓬《よもぎ》を端午の節句に、生臭い目刺しの頭を節分に魔除けとして家屋にかざすという風習として伝わっている。

わが国最古の医療の記録は『日本書記』に求めることができる。大己貴命《おおなむちのみこと》(大国主命)が少彦名命《すくなひこなのみこと》と共に国造りを行い、人々や家畜の治療法を定め、獣や昆虫の害を払うまじないを教えたとされている。少彦名命は薬草の羅摩《らま》（ガガイモ）の船に乗って出雲の美保関に上陸されたと伝えられることは、医療に関わるお方であったことを伝えたもので、わが国の薬祖神として崇められる所以である。

大己貴命も因幡の白兎の物語の中で医療者の姿を見ることができる。童謡「大黒さま」には、兎はがまのほわたにくるまって癒ったと歌われているが正確にはガマの花粉である。この物語は古事記に語られたもので、がまのはなと読ませており強力な止血・抗炎症作用を有するガマの花粉即ち蒲《ほ》黄《おう》でなければならない。

大国主命の担いだ大きな袋の中には医療に関わる品々がいっぱい詰まっていたことであろう。鳥取は正に薬物治療発祥の地といえる。上古の薬物は、このような神話などにより推定できるが、文献資料に依るものとしては風土記などで詳しく知ることができる。

現在、唯一完本で伝わる『出雲風土記』（七三三）には、出雲九郡より所産する薬草二百四十六品目が記載されているが、この中には杜仲《とちゅう》や黄芩《おうごん》などわが国に産しないものも含まれ、漢薬に似たものを誤って当てたと思われる。大同三年（八〇八）平城天皇は当時導入されていた中国医学の影響によって、わが国固有の古医方（和方）が失われることを恐れ、勅を発して諸国の国造・神社・豪族などに秘蔵されていた伝来の薬方を献じさせて、『大同類聚方《だいどうるいじゅうほう》』を集大成された。これにより古代から伝わる薬物や、治療薬として組み合わせた薬方を知ることができる。

この中に伯耆薬《ほうきぐすり》というのがあり、名の如く伯耆国に神代から伝わる薬とされている。鹿角《ろっかく》（鹿の角）津蟹《しんかい》（もくずがに）反鼻《はんぴ》（まむし）の三味を黒焼きにしたもので、またの名を伯州散《はくしゅうさん》と呼ぶ。たちの悪い疔やようなどの悪瘡や、切り傷の口が塞がらない慢性化した治りの悪い疵《きず》に用いると、肉芽が盛り上がって疵口を塞ぎ「その効神の如し」と謳われる程の効力を顕わす。江戸時代の名医、吉益《よします》東洞《とうどう》は好んで多用し、外科医でない東洞が切らずに治すので「東洞の外科倒し」の異名をとった。

民間薬はこのような歴史を背景に自然界のありとあらゆるものを試行錯誤しながら選択し、有効で安全なものを伝えてくれた。民間薬は人々の命を支えてきた生活に根ざした文化であり、貴重な財産であるといえる。

近年、健康に対する認識の高まりに伴って、健康食品や栄養補助食品への志向が高まっている。この傾向は世界的なブームで、さらに拡大し色々な製品が氾濫することと思われる。宣伝や噂に惑わされることなく、科学的な確かな知識と眼で選択して自分に合ったものを選ぶならばセルフメディケーションの担い手となり得る。これこそが二十一世紀の新しい民間薬だろう。

女貞子《にょていし》（ネズミモチ）

「薬草」という言葉の中には草ばかりではなく樹木も含まれるが、これらは「薬木」と呼ばれる。ねずみ年にちなみネズミモチから話を始めさせていただく。ネズミモチはモクセイ科の常緑樹で本州中部以西の暖地に野生している。鳥取市周辺部の山地にもしばしば見ることができるが、公園や庭園の庭木や垣根としてお馴染みの木である。夏に白い小花を円錐状につけ、楕円形の緑色の実を多数稔らせて、十一月頃になると黒紫色に変わる。この実が生薬《しょうやく》の女貞子である。実の形がネズミ

のフンに似て葉はモチノキに似るところからネズミモチと名づけられた。女貞の名は李時珍《りじちん》の『本草綱目』によると、「この木は冬をしのんで青翠なるもので貞守の操がある。故に貞女を以て形容したもの」としている。中国の女貞はトウネズミモチで葉や実がひと廻り大きく、公害に強いため公園などに植栽されている。正しくはこちらが本当の女貞で初冬の頃黒紫色に熟した果実を採取して乾燥させる。わが国では両者を区別せず女貞子として用いる。女貞は中国最古の本草書『神農本草経』（後漢時代）の上品の部にすでに収載されていて、「中を補い五臓を安んじ、精神を養い、百病を除き久しく服すれば軽身不老となる」と滋養強壮作用のある保健薬としての薬能を記載している。滋養強壮薬として体力が衰え内に熱感が籠もって疲労し易く、腰や膝が痛んで軟弱になったもの、さらに耳鳴り、目の疲れ、動悸、不眠、便秘などの随伴症状が見られるときに単味、あるいは漢方処方に配合して用いる。乾燥女貞子五～一〇gを水五〇〇mlで四十分煎じ一日二～三回に分服する。または酒に浸して女貞酒として用いると便利である。三十五度の焼酒一リットルにつき女貞子一〇〇gの割合で入れ冷暗所に約一カ月保管してから濾してカスを捨て、好みに応じて砂糖または蜜を加え、さらに一カ月程熟成させてから飲用する。一日一～二回二〇～三〇mlを限度に用いる。

合《ごう》歓《かん》（ネムノキ）

ネムノキは山裾や川岸などでよく見かけるマメ科の高木であるが、朝鮮・中国まで広く分布している。長さ三〇cmにもなる羽状の葉を繁茂させ、夏には淡紅色の眉刷毛のような房状の美花を樹冠いっぱいに咲かせて、白粉にも似た仄かな芳香を漂わせる。夜間や曇天になると羽葉は閉じて互いに合わさり、眠ったようになるところから、ねむのきの名がついた。同じ見立てからか、漢名も合歓・合昏・夜合などと言い、樹の姿から、有情樹、栄花樹などとも呼ばれる。わが国にも多くの呼び名があり、『万葉集』にはカヲカ・ネブと詠まれている。

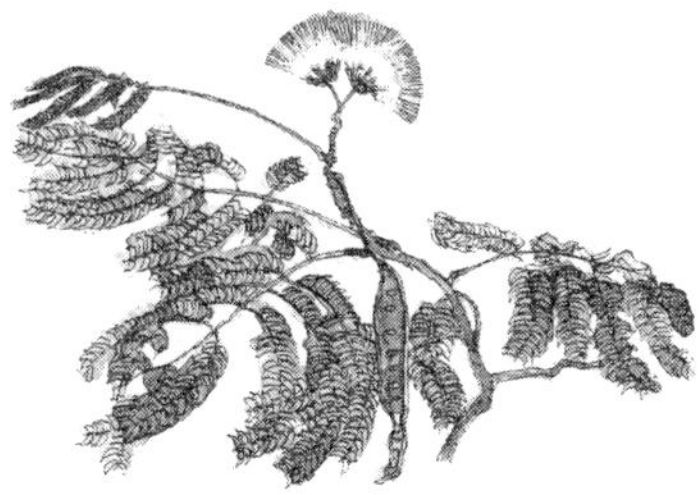

薬用には、樹皮を剥ぎ乾燥した合歓《ごうかん》皮《ぴ》を用いる。合歓皮は、中国最古の本草書『神農本草経』に、「五臓を安んじ、人をして歓楽にし、憂いを去り、久しく服すれば身を軽くする。できものの腫れをとり、虫を殺し、毒虫・クモの咬傷に外用し、骨折の痛み、腫れに酒で服用すると血の流れをよくして痛みをとる。葉で衣服を洗えば垢がとれる」、と多岐に渉る効能が記載されているが、これら興奮・強壮・鎮痛・消炎・駆虫・洗滌などの作用は臨床経験上認められていない。一般には、うつ状態・精神不安・できもの・はれもの・関節痛・打撲傷・ねん挫・強壮などを目的に煎服、または外用されているが、中でも打撲・ねん挫・間節痛には特に有効である。

合歓皮（または葉や枝）一握りほどを約一リットルの水で煎じ、その液に布を浸して患部に湿布をする。乾いたら一日に数回取り替えるが、炎症々状の激しい初日から二日間ほどは必ず冷やした冷湿布をする。以後は温湿布に替える。

前記の煎液で洗髪すると泡立ちも良く、シラミ駆除ができる。また青い葉を取り、水で濡らしてから手の平でよく揉むと、ヌルヌルとなって泡立つ。これを手や足の露出部分に塗ると蚊やブヨが寄り付かなくなる。

辛《しん》夷《い》（コブシ）

春の訪れと共に山々の木の梢は一斉に芽吹きはじめて、萌黄に包まれた山腹には、純白の花が点々と咲いているのが望見される。

多くの人がこの花をコブシの花と思っているようだが、山陰地方にはコブシは少なく、ほとんどが同属のタムシバの花である。コブシとタムシバはよく似ているので混同されるが、コブシの葉は先の方が広がり、タムシバでは下が広いこと、また、コブシの花にはすぐ下に小さな葉が付く、などの点で識別ができる。

二月から三月頃のうぶ毛に覆われた筆の穂先のような蕾を採取して乾燥したものが、生薬の辛夷である。夷の字は柳の蕾を意味し、ねこやなぎの芽に似て、これを噛めば芳香と辛味が口に広がるところから辛夷と名づけられた。この辛味は、精油が約三％も含まれているためである。辛夷は本来、中国産のモクレンの花蕾(白花・紫花共に)を乾燥したものが真正品であるが、わが国では、『大和本草』で辛夷をコブシに充てて以来、これを正條品として扱ってきた。しかし現在では国産の市場品は、ほとんどがタムシバで、このほかキタコブシ・シデコブシ・モクレンなど、同属の蕾も辛夷として流通している。辛夷は古来より、鼻の専門薬として使用されてきた。芳香成分などが鼻の炎症を抑え、通りをよくする。鎮痛・鎮静作用があり、蓄膿症、慢性鼻炎による頭痛、鼻づまり、膿性の鼻汁などに一日五グラムをコップ二杯程の水で煎じて服用する。蓄膿症には漢方薬の葛根湯《かっこんとう》に辛夷と川芎《せんきゅう》を加えた葛根湯加辛夷川芎が非常によく効くが、体質、症状により辛夷を配合した他の薬方との使い分けが必要になる。いずれにしても漢方薬を選ぶときは、専門家に相談されることをお勧めする。

大《たい》棗《そう》(ナツメ)

ナツメは北アフリカからヨーロッパ西南部が原産地とされるクロウメモドキ科の落葉小高木で、古代より栽培されて広がった。わが国へは奈良時代に中国より渡来したといわれている。『万葉集』やわが国最初の本草書『本草和名』(九一八)に「大棗、於保奈都女《おほなつめ》」の名が見られ、当時から栽培し利用されていたことがうかがえる。

ナツメの名前は夏の頃になって芽を吹くことから名づけられた。ナツメは多くの種類が知られているが薬用種は数種しかない。中国の本草書には「大なるを棗《そう》といい、小なるを棘《きょく》という」とあり、棘は刺をつける酸棗《さんそう》(サネブトナツメ)のことで、これも薬用とする。

秋に赤く成熟した果実を採取して、一旦蒸してから乾燥したものが生薬の大棗である。漢方では、大棗には他の薬物の作用をやわらげ、副作用や強い作用を防ぐ能があるとして多くの漢方に配されるほか、鎮痛、鎮痙、鎮静、精神不安や胃腸機能の調整などを目的として薬方に組まれる。大棗に小麦と甘草を加えたまるで食品のような甘麦大棗湯《かんばくたいそうとう》という漢方薬は、婦人の激しいヒステリー発作や小児の夜啼《よなき》症や夜驚症などにすばらしく効く。体が弱い人や病後の体力低下、また精神不安や不眠、ストレスによるイライラなどに滋養強壮、鎮静作用のある大棗酒を服用する。わずかにくせのある味であるが梅酒に匹敵する味である。造り方は梅酒に準じる。一・八リットルのホワイトリカーに完熟した生の実五〇〇g(干した大棗なら三〇〇~四〇〇g)とグラニュー糖二〇〇gを漬ける。約三カ月で飲用可能で、一日一~二回三〇mlを寝る前に服用する。常用すれば精神不安が解消し、体力増強に役立つ。

ナツメの葉をしばらく噛んでから砂糖を砥めると、不思議なことに甘味があまり感じなくなる。一度試してみてはいかがだろうか。

山茱萸《さんしゅゆ》(サンシュユ)

サンシュユは中国原産のミズキ科の落葉低木で、わが国には享保年間(一七二二)に朝鮮半島を経て伝わり、その後観賞用として各地で植栽されて広がったといわれている。

春早く黄色の小花の塊を枝いっぱいにつけ、辺りを黄金色の息吹きに包み込む。「はるこがねばなというのですよ」と、この度も挿し絵をお世話になった倉吉市在住の福嶋千恵子様から教えて頂いた。秋になるとグミに似た紅い実が成り、これを噛むと強い酸味と渋みがある。この実を熱湯に浸して半乾きさせ、種子を抜いて乾かしたものが生薬の山茱萸で、これがそのまま植物名となった。茱萸という名のつくものに呉茱萸、食茱萸などがあるが、わが国では茱萸にグミを充てるが、茱萸は山椒の実の房を成す姿の形容で、いずれも山茱萸とは別物である。漢方では「肝を温め、腎を補し、精を固め、気を秘す」という作用があるとする。肝臓や腎臓の機能を活性化させ、精液を貯えて精気の散逸を防ぐ強壮作用がある、ということである。漢方でいう肝腎とは、単に肝臓、腎臓の機能だけというのではなく、肝は肝気という喜怒哀楽などの感情調節、腎は腎気、即ち副腎の機能を含めている。副腎は体の生命維持、恒常性を保つためのステロイドホルモンを分泌する大切な器官である。肝腎要めの腎はこれのことで、腎の衰えは、腎虚といい、元気がなくなり下半身に脱力感が生じて様々の症状が出現する。山茱萸はこのようなときの補腎薬で、八味丸などの漢方薬に配合されるほか、滋養強壮薬として疲労回復、老人や病後の体力低下、めまい、耳鳴り、頻尿、夜尿、陰痿、腰や膝の痛みなどに補腎薬として、山茱萸五gを水四〇〇mlで煎服するか、山茱萸酒（三五度焼酎一リットル

に山茱萸一〇〇gと砂糖を好みの量)にして盃一～二杯を寝る前に服用する。

木《もっ》瓜《か》(カリン)

カリンは中国原産のバラ科の高木で、庭木として広く植栽されているが、わが国へ渡来した年代は明らかではない。カリンは花櫚と書き漢名は榠樝《めいさ》といい、木質が堅固緻密で美しい色合いの肌や木目を持つところから床柱や高級木工品の材料に利用される。

市場で大きなカリン材と称する机や家具を見かけるが、名前は同じでもこれは東南アジアに生育するマメ科のインドシタン属の木で、現地語でナラ(Narra)と呼ばれる別物である(鳥大・古川郁夫先生談)。

黄熟した果実を二つに縦割りして熱湯に漬け乾燥したものが生薬の木瓜である。木瓜は本来ボケの実が正條品であるが、カリン、クサボケも木瓜として使用される。木瓜には、サポニン、フラボンのほか、リンゴ酸、クエン酸など有機酸を含み、漢方では専ら筋肉の緊張をほぐす薬として、足のひきつれや首が廻らないとき、脚気や足のしびれ、歩行困難、更に鎮咳、疲労回復などの治療に用いられる。

一般には咳止めや痰切り、のどを滑らかにする薬として、また疲労回復剤として用いられている。煎じて服用するときは、刻んだ木瓜一〇gを四〇〇

mlの水で半量になるまで煎じて二〜三回に分服する。カリン酒は生の果実五〜六個を四〜五片に切り、砂糖二〇〇gと共に三五%のホワイトリカー一リットルに約半年漬け、熟成させてから一日に盃一〜二杯を服用する。咳や痰には煎じが、疲労回復には薬酒が向く。生のカリンを刻みコップ一〜二杯の水と共にミキサーにかけてできた果汁液を布で漉し、表面加工を施さない鉄鍋に入れ、砂糖を加えて弱火で混ぜながら煮詰めると、有機酸と鍋の鉄が結合して有機酸鉄となり、胃腸を損なわない増血作用のある美味しいカリンの水アメができる。貧血に毎日茶サジ一〜三杯を飲む。

臭梧桐《しゅうごどう》（クサギ）

クサギは山野に広く自生するクマツヅラ科の落葉低木で、葉を採むと特異な臭気があるところからクサギ（臭木）と名づけられた。キリの葉に似るのでクサギリ、葉は食用になるところから、クサギナともよばれる。食用には、葉にまだ毛のある時期に採取し、茹でてから水に浸して臭いを抜き、煮ものやおひたし、佃煮や油炒めなどに調理する。茹でた葉は、天日で干して保存し、水でもどして利用することもできる。八月の終わり頃、芳香のある白い花を付け、晩秋になると星状に開いた赤いがくに碧色の実を付ける。

この実は古くから染料として用いられ、江戸時代には薄いあい色の縹《はなだ》色に、更に稲わらの灰で媒染して、もえぎ色の染色に利用された。薬用には枝と葉を刻み、乾燥して用いる。これを臭梧桐といい、アオギリ(梧桐)の葉に似て臭いがあるところから名づけられた。

臭梧桐は、かつて、中国本草では多用された薬草であった。李時珍の著わした『本草綱目』には、花や根までも応用が記載されているが、わが国の本草書には、クサギに触れるものは少なく、中国本草書がわが国での民間伝承に影響を与えたと思われる。臭梧桐は湿邪を除く効能があり、鎮痛、解熱、利尿、血圧降下作用などがあるところから、高血圧症・関節リウマチ・細菌性下痢・利尿などの目的で使用される。本品一〇gを水五〇〇mlで煎じて、一日三回に分服する。葉の煎汁は、手の水虫、湿疹などに塗布か湿布をする。痔には患部をこれで洗い、更に適量の葉を浴湯料にして入浴する。クサギはかつて、マラリアに用いる常山《じょうざん》(ジョウザンアジサイ)の代用薬として、海州常山と名づけて瘧《ぎゃく》(おこり)の治療に用いられたが、現在は廃れている。

梓白皮《しはくひ》(アカメガシワ)

アカメガシワは川原の土手や山裾などに見られるトウダイグサ科の雌雄異株の落葉高木で、名前のアカメは春先の新芽が紅赤色を呈していることから、カシワは、食べ物を包んだりのせたりする「炊《か》し葉《は》」の意で、五菜葉《ございば》や菜盛葉《さいもりば》などの方言にかつて食物を盛った名残りが窺える。

アカメガシワは民間では、古くから胃腸薬として、また、できものや痔疾に、切らずに治る腫れものぐすりと称して用いられた。中国最古の本草書『神農本草経』に梓白皮《しはくひ》の名で収載され、わが国

ではこれにアカメガシワを当てて、熱を去る作用があるとして、漢方薬の中に組み込まれたが、梓については、古来いろいろな説があり、江戸時代の本草書では、梓にキササゲ、アズサ(ミズメ)、アカメガシワを当てるなどの混乱が見られる。現代の中医学では、梓をシナキササゲとしている。

薬用には樹皮や葉を六〜七月頃に採取し乾燥保存する。アカメガシワには、抗炎症作用のほか、胆汁分泌、抗潰瘍作用、胃腸機能調整作用などが知られていて、現代薬の原料にもなっている。民間では専ら胃潰瘍や十二指腸潰瘍、胃炎、胃酸過多などの胃腸薬として、また胆石症などに用いている。乾燥した皮や葉一〇gを水六〇〇mlで半量になるまで煎じ一日三回に分服する。一日で飲み切る水量で煎じてお茶代わりとして随時飲用する方法もある。腫れものや痔も同様の方法で服用し、さらに煎汁で患部を洗う。ようや疔《とびひ》などの腫れものには、江戸時代の名医和田東郭が推奨した三物梓葉湯《さんもつしようとう》がよく効く。アカメガシワ葉一〇〇gにアケビ蔓とスイカズラの茎各二〇gを水一リットルで半量に煎じて一日三回に分服する。葉と樹皮を薬湯料として、あせもや皮膚病、リウマチや神経痛などに用いる。

衛矛《えいぼう》・鬼箭羽《きせんう》(ニシキギ)

ニシキギは全国の山地に自生する落葉低木で、枝には縦に沿って発達したコルク質の翼を羽状に付けている。翼の無い品種をコマユミと言い区別している。ニシキギの名は、秋に美しく紅葉する

ところから錦に例え名づけられたもので、特異な枝振りと紅葉が好まれて庭木《き》に栽植されている。翼または枝を採取して乾燥したものが、それぞれ生薬の鬼箭羽《せんう》と衛矛《えいぼう》である。名称の由来は『本草綱目』に「幹に羽があるので箭羽(矢羽)矛刃《ぼうじん》(ほこ)で枝を衛《まも》るようなので名づけた」と述べられている。生薬としての衛矛は現在では翼のみが扱われている。衛矛は中国最古の本草書の『神農本草経』に収載されていて、婦人の不正出血や腹痛など腹部の邪を除く効ありとしている。中国の本草書では、婦人の気血《きけつ》を療する薬として、月経不順、閉経後や産後の血滞による腹痛など、いわゆる古血《ふるち》による婦人病の薬として用いられた。

わが国でも古くより民間に伝承されて、月経困難や無月経、閉経後や出産後の不正出血や腹部の絞扼痛、寄生虫による腹痛、更には打撲による疼痛などに用いる。衛矛一〇～一五gを四〇〇mlの水で煎じて一日三回分服する。外用には、うるしかぶれなどに前記の煎液で湿布をする。ケジラミ退治には、果実を濃煎した液を有毛部にすり込む。衛矛はトゲ抜きの妙薬として有名である。黒焼きにして飯つぶと練り、トゲがささった所に紙などに延ばして貼りつけておくとトゲは浮いて出てくる。黒焼きの作り方は衛矛をアルミホイルで包み密閉状態にしてフライパンに置き、その上に茶碗を被せて弱火で焼く。煙が出なくなったら火を止め、熱気が冷めてから取り出して粉末にする。これに等量の飯つぶを加えてよく練り込めば出来上がる。

営《えい》　実《じつ》(ノイバラ)

ノイバラは山裾や河川敷などに多く見られる野生のバラで、鋭い刺をつけた枝を蔓状に伸ばし、うっかり草むらに立ち入ると手足や衣服に絡みついて傷を負う。四～五月頃に白色の芳香のある花を多数咲かせ、やがて緑の球果となり、秋になって美しく紅熟する。この紅い色はリコピンというトマトと同じ色素で、完熟した果実にはビタミンCも含まれていて、果物様の甘ずっぱさがあり食べることができる。しかし種子は噛まずに吐き出さないと下痢を来たす。十月頃、実が赤く色づき青味が少し残る程度になった時に採取し乾燥させたものが生薬の営実である。営実の名の由来については『本草綱目』に「実が簇《むらが》って生える状態が営星《きらぼし》さながらだ。故に営実という」とある。営実は漢方で用いることはほとんどないが、わが国では古くから瀉下剤として用いられた。現在でも瀉下、利尿薬として、家庭薬の原料に用いられている。頑固な常習便秘、腹満、腎炎によるむくみや尿量減少などに営実二～五gを水四〇〇mlで半量に煎じて一日二～三回に分服する。作用を現わす成分はフラボノール配糖体のムルチフロリンやクエルセチンなどで、種子の中に含まれるので、営実を木槌などで叩いて種子を砕いてから煎じるとより効果が上がるが、営実の瀉下作用は強いので、少量より開始し快便が得られるまで除々に増量するなど加減することが大切である。便秘に

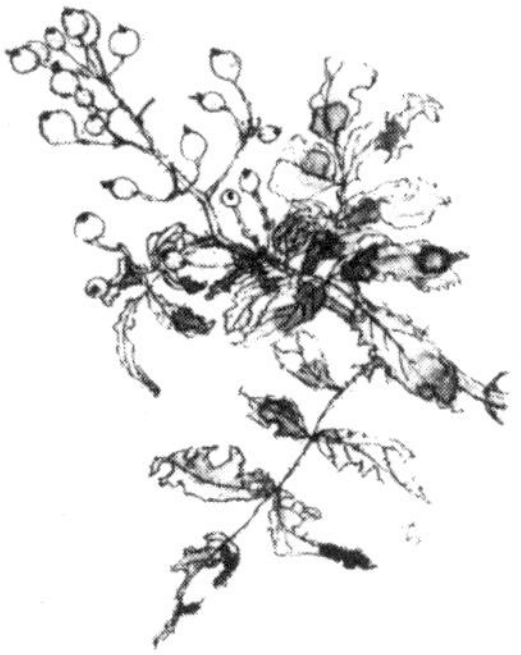

頓用するときは粉末にして用いると便利である。充分に乾燥した営実をミキサーに入れて高速回転させて粉末にする。乾燥剤を入れた缶に保管し、便秘時に一回〇・二〜〇・五gを頓用する。この場合も少量より始めることが大切である。

杜《と》仲《ちゅう》（トチュウ）

トチュウは、中国中南部の標高一四〇〇〜二四〇〇mの山地から揚子江中流域に沿って自生する雌雄異株の一科一属一種という特異な落葉高木である。中国では古来より貴重薬物の一つとして貴ばれ、古くから四川・貴州・陝西など各地で栽培が行われた。近年、わが国や韓国においても栽培されるようになった。杜仲の枝や葉・樹皮を折ると折り口からは多数の銀白色の糸を引き、厚い皮では引き切るのに少々力がいる程である。糸の成分はグッタペルカというゴム質で樹皮には約六%、葉には約二%含まれている。樹皮を採取して乾燥した物が生薬の杜仲で、中国最古の本草書『神農本草経』に「腰や脊骨の痛みをとり、筋骨を堅くし、強壮の効があり、久しく服すれば身を軽くして老に耐える」と老化防止の薬能が述べられていて漢方では専ら強壮と腰痛の要薬として用いられてきた。杜仲には、利尿・血圧降下・肝機能亢進や鎮静鎮痛、強壮強精などの作用のほか、コラーゲン代謝促進など多岐に亘る薬理作用が知られている。生殖器官の衰退、下半身の虚脱感、下肢の脱力感や疲労などの強

壮を目的に、また、高血圧、動脈硬化症などの血圧降下と利尿を目的に、さらに腰痛、関節痛、神経痛などの鎮痛を目的に、杜仲一〇gを水六〇〇mlで一／三量に煎じて一日二回に分服する。多めの水で煎じてお茶代りに飲む方法もある。杜仲酒にするときは、杜仲一〇〇gとホワイトリカー一リットルに漬け、好みの量の砂糖を加えて二カ月間冷暗所に置く。一日盃一～二杯を飲用する。杜仲の木は生長が早く、植えると二～三年で葉の採取が可能となり、年二回は採取できるので自家製の杜仲茶で健康管理が図れる。摘み取った葉を水洗いし、セイロかご飯蒸器で蒸すと一分程で黒変するので取り出して揉み、干してから焙じると香り高い杜仲茶が出来上がる。

楊梅《ようばい》(ヤマモモ)

ヤマモモは本州の中部以南・四国・九州の海に沿った山地に多く自生する雌雄異株の常緑高木である。モチノキに似た厚い葉を繁らせる樹姿が好まれて庭木や街路樹などに植えられる。雌木には苺のような実がたくさん生り、梅雨の頃には一斉に紅紫色に熟する。この果実は甘酸っぱくて美味しいもので、果実の王者、モモの名を戴くのも、うなずける。この実を楊梅といい胃腸薬とする。『本草綱目』には「塩蔵して食へば痰を去り、嘔吐を止め、食を消す」とある。この痰とは胃中に停滞する胃液のことで食不振、嘔吐などの原因となる。楊梅は胃に偏在する水分を去り、口渇を止め、唾液分泌を促進し、消化を助ける作用がある。生の実か、塩漬け、または酒に浸したものを十～十五ケ程を常食すると胃腸の機能が改善される。夏の土用の頃に樹皮をはいで天日で充分乾燥させた

ものが生薬の楊梅皮《ようばいひ》である。樹皮には血管透過抑制作用のあるミリセチンや収斂作用のあるタンニンなどが含まれ、これらの成分が炎症や腫れ、止血、殺菌、止瀉などの作用を顕わす。民間では専ら打撲や下痢に用いられている。ねん挫や打ち身のときには、楊梅皮末に卵白を加えて練り、布に塗って患部に貼る。このとき黄柏《おうばく》末（キハダ）を等量加えると炎症を取る作用は更に強くなる。

これらの樹皮を末にするのはミキサーにかけて廻転させると簡単に粉末が作れる。急のときは楊梅皮一握りを一リットルの水で濃く煎じ、煎液を充分冷やして冷湿布をする。乾いたら取り替える。この湿布はやけどや腫れもののときも有効である。口内炎や扁桃炎などにもこの液でうがいをすると腫れや痛みが和らぐ。下痢には一日五～一〇gを水六〇〇mlで一／三量に煎じて一日二～三回に分服する。楊梅皮のエキスはかつては網の染料として大量に用いられていた。

厚《こう》朴《ぼく》（ホオノキ）

ホオノキは全国各地の山中に自生するわが国原産の落葉高木で、高さ三〇mにもなる。ホオノキの名は「包の木」から、また古名のホホガシワからの転化とも言われている。ホホは包むの意、カシワは「炊し葉」に由来し食物を盛る葉の意味で、往古、食べ物を包んだり食器として用いたことによる。ホオノキは抗菌作用のある芳香成分が含まれ、葉で包むと芳香が移って風味が増し保存も効くという利点がある。材質は柔らかくて、緻密なため、専ら木工用の材として広く庶民の生活に利用されてきた。樹皮を薬用とし、皮のむけ易い七～八月中に剥ぎ採って日干しにしたものが生薬の厚朴で、香気の高いものが良品である。

　市場では日本産を和厚朴《わこうぼく》、中国産を唐《から》厚朴と称して区別しこちらを良品とする。唐厚朴は香りも強く保存中に結晶が析出するなど和厚朴との差異があるが高価なため現在では専ら和厚朴が多く使われている。厚朴は漢方の重要な構成生薬で、大別して二つの薬能がある。一つは気を下す作用、即ち鎮静作用で、気に起因する病気・自律神経の失調や精神々経疾患などに用いられ、二つ目は腹部や胸部の膨満感を去る作用で膨満及び膨満感を伴う胸や腹部の痛み、便秘や下痢、腸内ガスの滞留、食不振など痙攣性、神経性の腹部症状を改善する要薬として半夏《はんげ》厚朴湯や大承気湯などの漢方方剤に配剤される。厚朴には虫歯の原因となる連鎖球菌のミュータンス菌に対する選択的な殺菌作用があることが知られている。虫歯予防のうがい薬として厚朴五gをコップ二杯の水で三十分程煮だし、歯磨後にこの煎液でうがいをする。民間では胃腸薬として腹の張り、腹痛、下痢、消化不良などに一〇gを水六〇〇mlで一／三量に煎じて一日三回に分服する。喘息、気管支炎などの咳や痰に、また、のどや食道のつかえや異和感にも同様に用いる。

南《なん》　天《てん》（ナンテン）

ナンテンは中国南部を原産地とするメギ料の常緑低木で、わが国の暖地の山林に自生しているが、古く中国より渡来したものが野生化したと考えられている。ナンテンは漢名の南天燭・あるいは南天竹から南天と呼ばれるようになり、語呂が難転に通じるところから縁起のよい木として好んで植栽される。秋から冬にかけて多数の赤い実をつける。正月の前後にこれを採取して乾燥したものが生薬の南天実《じつ》で、わが国では古くから咳止めとして用いたが中国の本草書にはこのような用い方の記載は見当たらず、わが国独自の用法かもしれない。市場品には赤実と白実の両者があり、一般にはシロナンテンの方が効きがよいと言われているが、両者に薬効の差は全くない。赤実を亜硫酸ガスで漂白してシロナンテンと称して市場に出回ることがあるがシロナンテンは肉厚なので識別できる。南天実には強力な鎮咳作用のほか知覚神経および運動神経の末梢に対して軽い麻痺作用を有するドメスチン、ナンジニンなどの成分が含まれ、咳止め薬やのどアメの原料に使用されている。民間では喘息・百日咳・気管支炎などの咳、カゼやカゼ後の頑固な咳に用いる。南天実一日五〜一〇gを五〇〇mlの水で半量に煎じて一日三回分服する。このとき黒豆を同量加えて砂糖で甘く煎じると効果は一層あがる。痰を伴うときは車前草（オオバコ全草を干したもの）五〜一〇gを加える

と咳・痰共によく止まる。南天実の作用は強いので量が過ぎないよう注意が必要である。新鮮な葉一掴みほどを五〇〇～六〇〇mlの水で煎じた液でうがいをすると、扁桃炎や口内炎、歯痛などの痛みや腫れに有効である。この場合新鮮葉数枚を口中に含んで噛み、唾液と共に汁を患部に浸すようにして飲み込んでも効く。

枳椇子《きぐし》(ケンポナシ)

ケンポナシはわが国の山地に自生するクロウメモドキ科の落葉高木で、中国、朝鮮にも分布している。夏至の頃、枝先に淡緑色の小さな集散花を多数咲かせる。花が終わったあと、果梗が次第に肥厚し、秋には珊瑚状に曲がりくねって肉質となって膨み、先端には丸い果実を着ける。完熟した花梗は干し柿のような甘味があり美味しく食べることができる。これを採取して乾燥したものが生薬の枳椇子で、昔はこれを「しぐ」と読み枳枸とも書いたが、いずれも屈曲して伸びるの意味で果梗の曲った様をあらわしたものである。ケンポナシの名はテンボウと言う病に冒され変形した指に見立てたテンボノナシから転化したと言われている。枳椇子は専ら酒毒を消す妙薬として、飲みすぎや二日酔に用いられてきた。ケンポナシは酒を水に変えると伝えられて、造り酒屋はこの木を植えることも柱にすることも避けて来た。この言い伝えは李時珍《りじちん》の著わした『本草綱目』(一五九〇)に「この木を柱とすれ

ば、その屋内の酒はみな薄くなる」さらに「誤って一片を酒がめの中に落したら、その酒が水と化した」とあり、これらの記述が広く流布されたもので、もちろん酒の中に入れても水にはならない。枳椇子の甘味は多量に含まれたブドウ糖、果糖、蔗糖によるもので、これらは肝臓、心筋のグリコーゲン量を高め代謝能を増して解毒効果を高める。ほかにもリンゴ酸カリ、硝酸カリなどを含み、これらが持つ利尿作用と相まって酒毒を消すと考えられる。枳椇子は利尿、解毒薬として、飲酒過多、二日酔、熱時の口渇、尿不利などに一日一〇～一五gを水五〇〇mlで一／三量に煎じて服用する。二日酔には葛花《かっか》(乾燥したクズの花)五～一〇gを加えるとさらに効果があがる。乾燥した枳椇子は天然の甘味料として漬け物や調理の味付けに用いることができる。

ハマメリス葉《よう》(マンサク)

マンサクはわが国の山地に広く分布する耐寒性の強い落葉小高木である。まだ風の冷たい早春の山中に、他の木に先駆けて黄色の花を咲かせる。このことからマンサクの名は「先ず咲く」が転化したとも、また、枝いっぱいに咲く花の様から「満作」に掛けたとも云われているがこじつけと思われる。細長く捻れた紙片のような花弁をつける花は、独特の風趣があるところから好んで切り花や庭木として用いられる。

マンサクの樹皮はすこぶる強靭で縄の代用となり白川郷の合掌づくりでは小枝ごと捻って梁や柱を結んでいる。マンサクの仲間は北米やカナダ、東アジアにも分布する。北米のアメリカマンサク

は、かつて、インデアンの薬物であった。この葉はハマメリス葉と言い、濃く煎じてハマメリス流動エキスなどの医薬品として用いられるがわが国では専らマンサクの葉を代用している。六～八月頃の葉の充実したものを採取し充分乾燥して保存する。マンサクの葉にはハマメリスタンニンが多量に含まれ、他にフラボノイド、サポニンなどを含む。収斂性の止瀉、止血作用があり、止瀉薬として急性、慢性の下痢、赤痢や細菌性の下痢に用いる。また止血薬として吐血、月経過多、痔出血など各種の出血に対して、乾燥した葉五～一〇gを六〇〇mlの水で一／三量に煎じ一日二～三回に分服する。この煎液は外用薬として、切り傷や挫傷など外傷による出血に直接塗布するか、ガーゼに浸して当てるとよく止血できる。口内炎や咽頭、扁桃腺による喉の痛みや炎症にも同じ煎液でうがいをする。皮膚炎や湿疹には、一握りの乾燥葉を、六〇〇mlの水で煎じ、沸騰したら火を止めて冷後、ガーゼで濾過した液で湿布をする。この液にグリセリンを一％の割りで加えたものは収斂性の化粧水となる。

胡《こ》桃《とう》（クルミ）

日本の山地にはオニグルミ、サワグルミ、ノグルミなどクルミの名が付く木が見られるが、いわゆるクルミはこのうちのオニグルミのことで古代より食用にされてきた。現在では殻が薄く容易に手で割ることのできるテウチグルミの仲間が栽培されて、カシグルミ、トウグルミ、チョウセング

ルミなどの名で市販されている。

クルミは胡桃と言い、食べる部分は子葉でこれを胡桃仁と言う。リノール酸を主体とする脂肪油を四〇～五〇％含み、ほかに蛋白質、カルシウム、鉄、ビタミン類などが含まれ、利尿、鎮咳、通便、滋養強壮作用がある。栄養価が非常に高いところから老人や病後、虚弱体質者などの滋養・栄養剤として毎日二～三個を単味、あるいは料理として食べる。老人の喘息や慢性気管支炎・カゼ後の湿った咳にも同様に用いるが薄皮を付けたままの方が効果がある。便秘には胡桃仁四～六個を生食する。油分に潤腸作用があり硬い宿便が軟化する。少量の蜂蜜と共に用いるとなお効果がある。殻の中の薄い隔壁は分心木《ぶんしんぼく》と称し収れん薬とする。民間では専らオニグルミを用いる。未熟果の外皮をすりおろし絞り汁を水虫やタムシ・インキンなどの寄生性の皮膚病に、また、しもやけ・しろなまず、各種の湿疹に塗布する。

葉や樹皮の汁も同様の効果があるが、かぶれることがあるので注意が必要である。これらを濃厚に煎じた液で洗髪すると髪が黒く染まり、また発毛効果もある。扁桃腺や咽頭炎でのどが痛むときクルミ五～六ケを軽く焦がし割れたら熱湯に入れて熱いうちに服用する。同時にこの液でうがいをすると痛みが和らぐ。クルミの殻は研磨材としても用いられ、微粉末を器具等の研磨に、またタイヤの滑り止めとしてゴムに練り込み、粉じんが出ないスノータイヤが作られている。

李根皮《りこんぴ》（スモモ）

スモモは中国の揚子江流域を原産とするバラ科の落葉高木である。中国では古来より桃と並び春を代表する花として愛され、詩歌などにも「桃李」と詠まれ、「李下の冠」など格言にもなっている。スモモはわが国へは早くから渡来し、古事記や日本書紀にもその名が見える。万葉集巻十九には大伴家持の「わが園の　李《すもも》の花か　庭に散る　はだれのいまだ残りたるかも」の歌があり、スモモが賞翫されたことが窺える。スモモは酸桃の意で酸味の強いところから名づけられた。明治時代に品種改良が進み、大果種の巴旦杏《はたんきょう》が生まれ、これがアメリカで西洋スモモと交配されて、いわゆるプラムが作られた。プラムを乾燥したプルーンは栄養価が高く勝れた健康食品といえる。酸味成分のリンゴ酸・クエン酸を始め鉄やカルシウム・カリウムなどのミネラルのほか水溶性植物繊維のペクチンなどを多量に含むため、貧血の改善・疲労回復・便秘の解消などに役立つ。用法は毎日乾燥プラムを数ケずつ食べる。生の果実は漢方では解熱・生津《せいしん》（体液の涸渇改善）作用があるとして結核などの消耗性疾病の発熱に生食する。スモモの根の皮は漢方の重要な薬である。根のあま皮（内皮）を剥ぎとり乾燥したものを李根皮《りこんぴ》と言い、奔《ほん》豚気《とんき》と言う病的な気を鎮める要薬である。奔豚とは仔豚の跳ねる様を言い奔豚気とは不意に腹部からドキドキと気が胸に衝き上げ息がつまって死ぬかと

思うほど苦しむが、また、スーと気が下がるような病態を言う。更年期障害や自律神経失調症・ヒステリーに多く見られる症状である。このようなとき李根皮を主薬とし当帰《とうき》・川芎《せんきゅう》など九味の生薬を配合した奔豚湯《ほんとんとう》と言う薬方を用いる。ストレス社会ではこの症状を訴える人は意外に多く見られる。本薬方は副作用も無く安心して用いることができる。

凌霄花《りょうしょうか》（ノウゼンカズラ）

ノウゼンカズラは中国原産のつる性落葉高木で、わが国には平安時代に渡来したといわれ、花が美しいところから観賞樹として各地に植栽されている。幹はつるとなって付着根を出し他の樹木などにまとい付いて高く伸び、夏には垂れた枝先に朱赤色でラッパ状の大きな花を多数咲かせる。この花を採取して日干しにしたものが生薬の凌霄花で、中国最古の本草書『神農本草経』に紫葳《しい》の名で収載されているが後になって凌霄花と呼ばれるようになった。このことについて李時珍は『本草綱目』（明時代）の中で「俗に赤い艶《つやや》かなるを紫葳と言う。葳とはこの花が赤く艶かだから名づけたものだ。木に付着して上に伸び高さ数丈になるところから凌霄という」といっている。霄とは空のことで天を凌ぐほどの高さの意だが、いささかオーバーな名称といえる。凌霄花の成分や薬理作用については余り明らかにされてないが漢方では駆瘀血《くおけつ》（古血《ふるち》を散らす）作用や止

血作用があるとし、月経異常、子宮出血、産後の出血など主に婦人科疾患に用いられてきた。しかし現在ではわが国の漢方で用いることはほとんどない。このような流通の少ない生薬を遠物《えんぶつ》と呼ぶ。民間では葉や茎、根にも同様の作用があるとして、月経不順や皮膚の湿疹、全身掻痒、痛風や関節炎の痛みなどに用いられている。花は二〜四g、葉茎を用いる場合は五〜一〇gを水で煎じて服用する。『本草綱目』には「凌霄花上の露が目に入れば目を損ない昏朦《こんもう》（目くらみ）する」との記載があり、このことから一般に花の蜜は有毒と伝えられるようになったが科学的には根拠はない。しかし花粉症の人はアレルギーを起こすことが考えられる。雄しべの先端に触れると上下に開いた柱頭は瞬時に閉じるが古い花では反応しない。

烏《う》梅《ばい》（ウメ）

ウメは中国原産のバラ科の落葉小高木で、わが国へは奈良時代に薬として、未熟果を煙で黒く燻《い》ぶした烏梅が中国音の烏梅《うめい》の名で伝わり、続いて後から樹木が渡来したため木の名をウメと呼ぶようになったと言われている。梅は春早く清楚で気品のある花を咲かせるところから広く愛され、万葉の昔から歌や絵画の題材にされ、また、観賞樹や果樹として多くの品種が作出された。鳥取にも「因幡の細川梅」という白花で八重咲きの名木があったことが『大和本草』附録（一七一五・貝原益軒）に記載されている。ウメの実は庶民の日常生活と深く関わり、食品として梅干・梅酢・梅酒など日本固有の嗜好食品が数多く作られている。また薬としても種々の民間療法に用いられて、応用の広

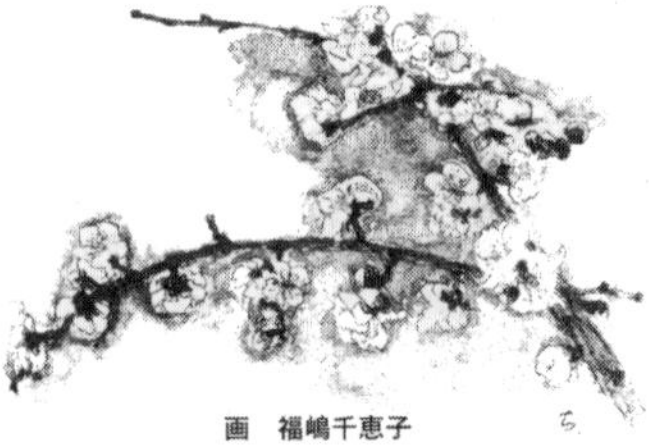
画　福嶋千恵子

さは民間薬中随一と言える。よく知られたものに梅肉エキスがある。青ウメを下ろし金ですり下ろし、布で汁を絞り、土鍋で飴状になるまで煮詰めたもので強い酸味がある。これはクエン酸、リンゴ酸ほか数種の有機酸によるもので、胃液分泌を亢進し、消化酵素を活性化して消化を促進する。また抗菌作用があり、健胃・整腸止瀉薬として、食中毒や水当たりなど急性の吐瀉病・腹痛に用いる。漢方では煙で加工した烏梅を用い、胃腸作用のほか、解熱・鎮咳・消炎・駆虫作用があるとして漢方薬に配合されている。特に蛔虫駆除を目的に蛔虫症による冷えを伴う腹痛の常套薬とする。青ウメには青酸配糖体が含まれ、生の実を食べると分解されて青酸が生じ、中毒を起こすので注意が必要である。開花直後の花や蕾を摘み取り、同量の塩と少量の梅酢を加えて漬け込むと香りのある梅の花茶を楽しむことができる。

柿《し》蒂《てい》（カキ）

カキは東アジア温帯に分布するカキノキ科の落葉高木で、日本へは奈良時代に中国より渋柿が渡来し、幾度も改良されて千種ともいわれる品種が作られた。果樹としてこのように品種が多いのは珍しいことである。カキは古くより暮らしと関わりをもち、生食はもとより、砂糖のなかった時代の甘味料に、柿シブは塗料や染色に、材は器具、建材に、そして薬として生活にさまざまな恩恵を

与えてきた。薬用にはカキのいろいろな部位が用いられる。ヘタは柿蒂《してい》といい、漢方ではシャックリの要薬とする。頑固な病的なシャックリに、柿蒂一五～二〇g、丁字《ちょうじ》（スパイスのクローブ）一・五g、生しょうが五gを配した柿蒂湯を用いる。原方では柿蒂五gだが、大量に用いるほうがよく効く。六〇〇mlの水で一／三量まで煎じ、一回または二回で服用する。因みに普通のシャックリには茶サジ山盛一杯の砂糖を、息をつめて一口で飲み込むとてきめんに止まる。葉は柿葉《しよう》といい、ビタミンCが緑茶の三～四倍も含まれ、ほかにフラボノイド・タンニンを含み、血管強化・止血・血圧降下などの作用があり、高血圧の人に柿茶として利用されている。柿茶は、カキの甘・渋を問わず盛夏頃までの葉を採取して、二～三分間蒸すか熱湯に漬けて速やかに乾燥する。柿シブは柿《し》漆《しつ》といい、未熟な渋ガキを搗き砕き、木を加えて発酵させて作る。シブオールを主成分とするタンニンを多量に含み、血管の透過性を高め、高血圧を防ぐことが知られている。悪臭があるが、さかずき一杯を牛乳または大根おろしに混ぜて一日二～三回服用する。このようにすれば便秘しにくくなる。干し柿の表面の白い粉はマンニトールほかの糖類で柿霜《しそう》といい、集めて加熱しアメ状にしたものを柿霜餅《しそうべい》という。両者共のど痛・口内炎・咳止めに用いる。

連《れん》翹《ぎょう》（レンギョウ）

レンギョウは中国原産のモクセイ科の落葉小低木で、根元から細長い茎を多数分岐させて生長する。早春に葉に先立って多数の黄色の花を華やかに咲かせるところから好まれ、観賞用として広く植栽されている。薬用としての連翹の名は、中国最古の本草書『神農本草経』に記載されているが、当時の連翹が現在のレンギョウかどうかは不明で諸説があり、本草書による記述や図からは、レンギョウとは異なる植物が窺える。牧野富太郎氏はこれをオトギリソウ科のトモエソウとし、連翹にレンゲウツギの名を提唱しておられる。現在市販されている生薬連翹は、レンギョウやシナレンギョウの果実を乾燥して種子を除いたものである。別に小連翹と称する生薬があり、こちらはオトギリソウの全草を乾燥させたもので薬効が異なる。連翹には強い抗菌作用があり、グラム陽性菌、陰性菌の両者に巾広い抗菌力を示し、その本態はフェノール化合物と言われている。ほかにオレアノール酸、フラボノール配糖体などが含まれ、強心利尿作用、抗炎症、排膿作用が知られている。漢方では専ら、化膿性疾患や瘡瘍の聖薬として、解毒、解熱、排膿、消炎を目的に、扁桃炎、できもの、中耳炎、アトピーなどの皮膚疾患の治療に多用する。民間でも同様に化膿性疾患に用い、にきび、ふきでもの、中耳炎などに連翹を一日五gを水三〇〇mlで半量に煎じ三回に

分服する。レンギョウの根は連軺《れんしょう》といい、黄疸による皮膚の痒みや体に籠もった熱による発疹や痒みに用い、唯一、麻黄連軺赤小豆湯《まおうれんしょうしゃくしょうずとう》という漢方薬に配合されている。種子は連翹心といい、精油を含むため特異な香りがあり、中枢神経興奮作用があるので熱性疾患で意識障害が生じたときに配合されることがある。

木天蓼《もくてんりょう》（マタタビ）

マタタビはマタタビ科の雌雄異株のつる性低木で、山地の谷沿いに自生する。つるには白い葉が混ざるので遠くから見分ける事が出来るが夏を過ぎると消えてしまう。若いつるは山菜としても有名である。初夏には梅に似た白い花を咲かせ、長楕円形の実をつける。九月初旬にこれを採り塩漬にして保存食とする。ピリリとした辛みがあり体が温まり冬の保存食として恰好のものである。開花時に花の子房にマタタビミタマカという小蜂が寄生すると実は異常に発育し、でこぼこしたこぶだらけの虫癭（虫こぶ）に変化する。薬用には専らこれを用い、湯通しして中の仔虫を殺し、天日で乾燥したものが生薬の木天蓼である。木天蓼は血行を促し体を温める作用や鎮痛、強心、利尿作用などが知られている。民間では神経痛やリューマチによる関節や腰の痛み、冷え性や冷えによる各種の痛みなどに、木天蓼五～八gを水五○○mlで煎じ一日三回に服用する。ミキサーにかけて粉末にして一回一gを

三回に服用する方法もある。乾燥した葉や茎も同様の効果があり一〇gを煎服する。保温や疲労回復、強壮を目的とする時は、木天蓼酒を作り、寝る前に盃一～二杯を飲用する。作り方は木天蓼一〇〇gをホワイトリカー一リットルに漬け、好みの量の砂糖を加えて三カ月置く。生のマタタビの実を用いる場合は三〇〇gを一リットルに漬け氷砂糖二〇〇gを加える。原料が生の時は必ず砂糖を加えないと失敗する。生または乾燥したつるを風呂に入れると体が温まり、神経痛などの痛みが和らぐ。猫やネコ科の動物は一様にマタタビに異常な興味を示し体を擦り付けて興奮し「マタタビ踊り」を見せてくれる。一般には猫の病気の万能薬として用いられるが、獣医師が治療薬として用いる事はないようだ。

金銀花《きんぎんか》・忍冬《にんどう》（スイカズラ）

山野に自生するスイカズラ科の常緑つる性低木で、入梅の頃に芳香のある白い花を葉の脇に二個ずつ咲かせる。花は二～三日で黄色に変わるので、白、黄が入り交じって咲くところから、金銀花とも呼び、冬になっても葉が枝に残り、寒さを忍んでいるようにみえるところから忍冬とも呼ばれる。

蕾、又は葉茎を採集して乾燥したものが、それぞれ生薬の金銀花と忍冬である。両者共に炎症を抑える作用と各種の細菌に対して強い抗菌力を有している。また利尿作用、収れん作用などがあり、漢方では専ら清熱解毒の要薬として、感冒、扁桃炎、化膿性皮膚疾患、腸炎などの感染症に常用する。民間では、口内炎や舌炎、歯ぐきの腫れ、カゼや扁桃炎による喉の痛みや腫れに忍冬または金銀花一〇〜一五gをコップ三杯の水で煎じ一日三回に服用する。この煎液でうがいをしても炎症を抑え、痛みや腫れが和らぐ。膀胱炎やできものなどの化膿性疾患、また、利尿を目的とするときも同様の方法で用いるが、効力は金銀花の方が勝る。胃炎、胃潰瘍、慢性下痢、さらに神経痛や関節の痛みなどには忍冬二〇gをお茶として常服する。

薬用酒として用いるときは、金銀花一〇〇gをガーゼに包み、ホワイトリカー一・八リットルに漬け、好みの量の砂糖を加えて、時々ガーゼを上下して一カ月程置けば出来上がる。一日一回寝酒として盃一〜二杯を飲用する。咲いた花が入手できれば摘み立ての花を用いるとすばらしい香りの金銀花酒ができるが、生の花を用いるときは必ず砂糖の量を増さないと成分が浸出しない。忍冬五〇〜一〇〇gを煎じて浴材とし、風呂に入れると痔の痛み、腰痛、湿疹、皮膚の化膿症などに有効である。新鮮な花三十輪程を紅茶のティーパックと共に缶に入れ一晩密封すると香りが移り、すばらしい香りの紅茶が楽しめる。

茶《ちゃ》葉《よう》（チャ）

チャは中国西南部の山岳地方が原産のツバキ科の暖地性常緑樹で、中国ではすでに紀元前十世紀の周時代には薬用にされていた。唐時代になって嗜好品として喫茶の風習が始まり、日本には天平

時代に薬として渡米していた。平安時代には内裏において挽茶の節會が公事儀式として行われているが一般には広まらず、鎌倉時代になって栄西が宋から「茶経」と種子を持ち帰り吃茶養生録を作って茶の功を称えたところから喫茶の風習が広まり、栽培や製茶が盛んになった。後に日本文化を代表する茶道として発展する。往時の喫茶は茶葉を臼でひいて椀に入れて飲む點茶が一般的であった。

若葉を蒸し、火で培りながらよりをかけて乾燥したものが緑茶である。早採りを茶、晩採りは茗《めい》と呼ばれた。三月の節より二十一目目に摘む茶は最高の茶で初昔《はつむかし》といい、その後に摘んだものを後《のち》昔《むかし》という。嗜好飲料として親しまれるわけは、香味に勝れ、カフェイン、タンニン、ビタミンCなどが豊富に含まれていて、強心、興奮、覚醒作用による疲労回復や気分の昂揚効果があるためであろう。しかし多くの本草書には、冷えや貧血がある虚弱者の飲用を戒め、冷服や久服すると上気したり下痢し、脾胃(消化器官)を損ね甚だ人を害する、と飲用の節度を説いている。茶は現在では薬としての利用度は低く、漢方でも頭痛に用いる川芎茶調散《せんきゅうちゃちょうさん》などごく一部の薬方に用いるのみである。茶のタンニン成分のカテキン、エピカテキンは茶ポリフェノールと呼ばれ、抗菌、抗ウイルス作用や抗癌、抗コレステロール作用、さらに虫歯予防、口臭抑制作用などが確認されている。番茶を煮出してカゼや扁桃炎、口内炎などにうがいをすると痛みや炎症が治まり、予防効果もある。

リンデン（セイヨウボダイジュ）

シナノキ科に属するこの仲間は、中国、ヨーロッパを始め、世界の各地で、薬用やハーブティとして広く用いられている。わが国にも、シナノキ、オオバボダイジュ、ボダイジュがあるが、何故か薬用としての利用は見られない。シナノキは樹皮が強靭で、鳥取ではヘリカワ、ヘギカワと称し縄やもの入れなどに編まれている。ボダイジュは寺院の庭内によく植えられているが原産は中国で、一一九〇年に僧の栄西が茶と共に中国より持ち帰ったと言われている。しかし本当のボダイジュは、インドボダイジュと呼ばれるクワ科の熱帯樹で全くの別物である。シューベルトの歌曲「冬の旅」のリンデンバウムも、ボダイジュと訳されているが、こちらはナツボダイジュで、ヨーロッパには別

にフユボダイジュがありさらに両者の雑種がセイヨウボダイジュである。この三者は共にリンデン、またはライムと称し花や葉、樹皮などを薬用とする。花には、優れた鎮静作用と発汗作用があり、神経の緊張から来る、不眠やイライラ、頭痛や高血圧などにハーブティとして飲用すると興奮が治まり、リラックスしてくる。かぜや咽頭炎、上気道感染症などに、熱いハーブティを飲むと、発汗して解熱し、治癒を早める。樹皮は利尿作用があり腎結石や痛風などに用いられる。シナノキの薬としての利用法をご存知の方は、お教え願えれば幸いである。

広葉樹文化協会機関紙に「薬木のはなし」を書かせて頂くようになったのは、前回のねずみ年のことだった。倉吉市在住の福嶋千恵子様より頂いた年賀状に、すばらしいねずみもち(女貞)が画かれていたので、初稿の挿画に使わせて頂いた。以来、福嶋様の画集やスケッチの中から薬木を選んでは拙文を書かせて頂いてきた。今回のセイヨウボダイジュは、倉吉市内に鬱蒼と繁るご自宅の「福嶋の森」に植えてあるのであろうか。特集号の「薬木のはなし」は、この木をもって締め括らせて頂く。丹念な筆致で描写されたすばらしい挿画が拙文に彩りを添えて下さったことに感謝申しあげる。

第7章　樹木診断

竹下　努

サクラ切る馬鹿、ウメ切らぬ馬鹿

サクラとウメは、ともにわが国を代表する花で、古くから愛され、日本人の心の故郷のような樹種である。

この諺は、サクラの枝や幹をむやみに切ることを戒め、ウメはその逆で剪定を怠ってはならないことを教えているものと思う。

サクラもウメも陽樹(日蔭では育たない木)で浅根性、排水の良い肥沃な土壌を好み、良く生育する。しかし、サクラの萠芽力は弱いがウメは非常に強いという点で両者は異なり、これがこの諺を生んだものと考えられる。

ウメは、花が終わった後に新しい枝が出て茂り、枝の切口からも勢い良く萠芽する。これを放っておくとヤブのようになり、木の姿を損なうだけでなく、風通しや日当たりが悪くなり、病気や虫が出易くなる。それで、ウメはテマメに剪定・整枝をしなければ良い木にならない。「切らぬ人は馬鹿を見るよ」と言っているのだろう。

一方、サクラは枝を切っても萌芽しないので、ウメのように好きな所から小枝を出して姿を整えることができない。また、枝や幹の切口が癒合しにくく、そこから腐朽菌が入って枝枯れや幹の空洞化を起こし、取り返しのつかないことになる。「サクラ切る馬鹿」は、このあたりを辛口に言い尽くしているものと思う。シイ、カシ、カエデなどもサクラと同じように枝や幹の切口、傷跡が癒合しにくく、放置すると枯れ込みや空洞化を起こす。これらの樹種では、切口や傷痕ができたら直ちに癒合剤（数種類が市販されている）を塗布し、腐朽菌の侵入防止と癒合の手助けをしてやることが必要である。

枝打の勘どころ

樹木にはそれぞれに特性があり、自分に適した樹型に成長する能力を備えているので、むやみに枝を切ると本来の美しい姿を損なうことにもなる。しかし、雪や風で折れたり、病気にかかったとき、あるいは枝が密生し過ぎたときなどには、適切な枝打ちが必要である。

枝打ちで最も大切なことは、枝の切口を早く癒合させ、早く幹に巻き込ませることである。これを怠ると、切口から害菌が侵入し、後に枝や幹の材質腐朽を招く。

早く巻き込ませるには、まず第一に正しい枝打ちを行うことである。直径二〜三㎝以下の細枝や枯枝は、図のⒶのように枝の付け根から切ってもよいが、四〜五㎝以上の太枝になると、Ⓑのように付け根の枝隆《しりゅう》を残して切ることが必要である。枝隆には、害菌の侵入を阻止する「防御帯」があ

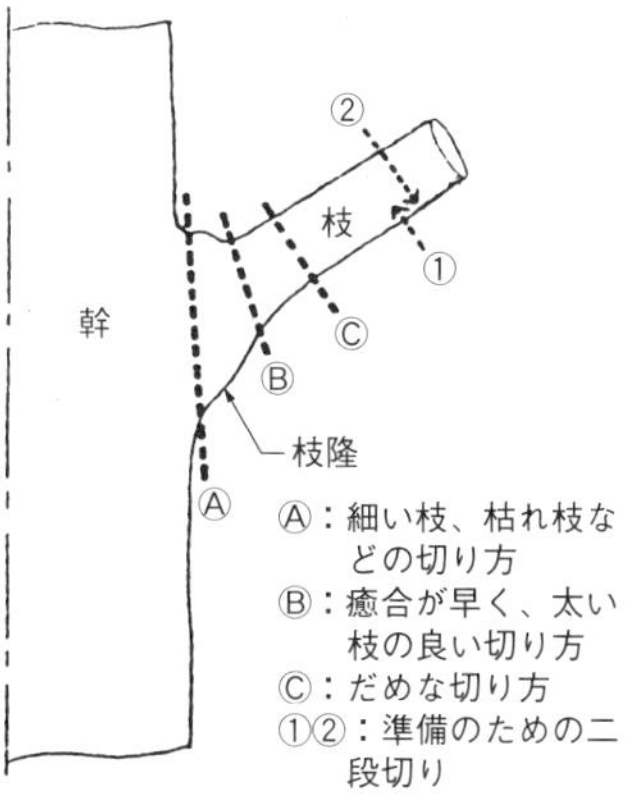

図１　枝の正しい切り方

り、また、付け根から切るよりも切口面積が小さくなるので、安全に早く癒合するのである。枝を長く残して切るⒸは、最もダメな切り方である。これは、残枝が長いので、いつまでも幹に巻き込まれず、害菌の侵入の恐れがある。

太枝は、あらかじめ三〇〜四〇cm先方を①→②の順序で切り落とし、次に正しい位置Ⓑで切る（二段切り）ようにする。これは、枝葉の重さで切口が裂けたり樹皮が剥がれたりすることを避けるためである。

枝打時期は、落葉樹では成長休止期（十二〜三月）が適期である。器具は、ナタよりも枝打専用ノコの方が安全・確実である。切口には、必ず癒合剤（数種類が市販されている）を塗布する。カエデ、サクラ、ニレ、トネリコ、カバ、ブナなどは、切口から害菌が入り易いので、特に注意が必要である。

踏圧《とうあつ》の害

土壌は、樹木の成育に欠かせない水・栄養・空気を根に供給し、樹木を維持するもので、樹体が生存する最も基本的な環境要素である。

樹木にとって望ましい土壌とは、砂や粘土質が適度に混ざってい　て、孔隙が多くて柔らかく、水分と養分を含み、水はけと水持ちがよく、通気性にとんでいることである。

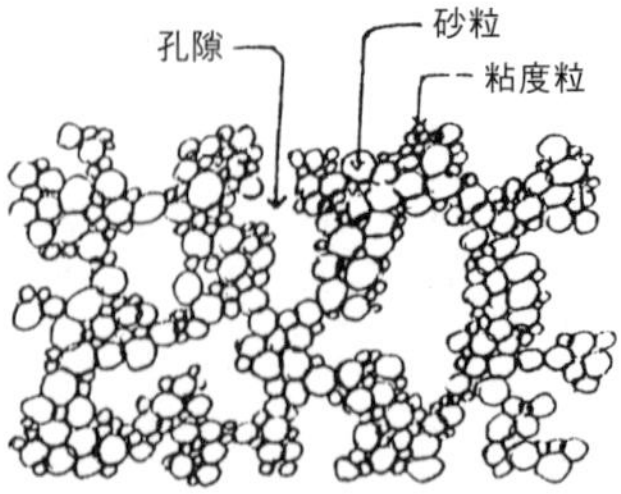

図２　土壌団粒構造の模式図

望ましい土壌であるためには、土壌が団粒構造であることが必要である。団粒構造は、図のように砂粒と粘土粒が混ざりあって小さな団塊となり、団塊と団塊の間に孔隙(隙間)を作っていることである。この孔隙は、腐植に富んだ森林土壌では七五％にもなり、砂土の五〇％や埴質土壌の五五％より遥かに高い値を示す。

孔隙は雨が降れば水で満たされるが、根系の吸収等によって水が減少すると、入れ代わりに空気が入ってきて、樹木の根の酸素呼吸を助ける。また、孔隙があることによって、土壌微生物やミミズなどの土壌小動物が住み易くなり、落ち葉の分解を促進するので栄養が豊かになるとともに、土壌を柔らかくするので、樹木の新根伸長は容易になり、樹木にとって理想的な生活環境を約束してくれる。

ところが、公園や寺社の境内などは、大勢の人の出入りによって樹木の周りが踏みつけられ、新根が最も多く分布する表土(深さ一〇㎝程度まで)はツルハシも弾かれるくらいに締め固められる。また、腐植質の供給源である落ち葉は、皮肉にも丁寧に掃き集めて捨てられる。

このような状態になると、表層土壌の孔隙は潰されてしまい、細根は水・酸素不足によって根腐れを起こす。地上部では、葉の退色や葉量の減少、稍端枯れなどの症状が現れる。これが踏圧の害である。

踏圧の害は、樹木の生活圏を人が侵害した結果とも言える。私達、樹を愛する者は侵害者にならないよう心したいものである。

適地適木

木を植えるには「その土地に適した木、その木に適した土地を選ぶことが大切である」ことを言い表したもので、植樹の大原則を示す言葉である。

樹木には、それぞれの樹種に適した生育環境(適地)がある。環境要因の中でも土壌と気象条件は特に重要で、土壌水分、養分、深さと堅さ、気温、降水量などは、樹木の生育を大きく支配する。これらの調査は適地判定の重要なポイントである。

また、樹木には樹種ごとに固有の生育特性があり、それぞれ樹形、根系深度、水分・養分・光の要求度と耐性、生育適温、潮風・塩水・大気汚染等への抵抗性などが異なっている。

樹木は、これらの生育特性に適した環境下では、その樹種本来の生育を示すが、適さない環境下(不適地)に植えられた場合は、自己の適応力を振り絞って生き延びようとするが、限界を超えるとついに枯死してしまう。

近年、環境緑化が盛んになり、公園や施設空間が美しい緑で彩られているが、時として不成績地にも出くわすことがある。最近の診断事例をあげてみよう。
①街路樹のヤマモモがひどい胴枯病で枯死寸前になっていた。これは暖地産のヤマモモが冬季の寒風に吹きさらされて凍害にかかり、胴枯病をひきおこしたものだった。②公園のサザンカが夏の日照りで枯れた。浅根性のサザンカを、保水力の乏しい砂地に、有機質も十分にやらないで植えたことが原因だった。③海岸近くの庭のハナミズキとモクセイが稍端枯れを起こしていた。毎年の潮風害による早期落葉で、樹勢が弱ったものと思う。④今年一月の湿雪では、多くの樹種に雪害が発生したが、クスノキの枝折裂は無残だった。暖地産のクスノキは材質が軟らかく、枝葉に雪が積もりやすいので耐えられなかったのだろう。
これらは適地適木の原則を無視した結果である。人間の都合だけで緑化樹を見ないで、個性をもった生き物として尊重したいものである。

樹木の外科技術

樹木は生育期間が長いので、病虫獣害や気象災害などを被ることも少なくない。これらの被害跡が癒合不良のままになっていると、そこから腐朽菌が侵入し、材質腐朽病が発生する。

材質腐朽病を放置すると、樹幹や根系が腐朽し、ついには樹体の枯損や倒壊という重大な事態に至るが、腐朽病の進行は緩やかであり、患部は目に付きにくいので、やっかいである。

腐朽病の進行を阻止し、より自然な姿で樹体の保護延命を図る技法を、「樹木の外科技術」と呼んでいる。患部の切開、切除、充填などを伴うので、「外科」と見たのだろう。

外科技術は、十八世紀末のイギリスの宮廷庭師フォーサイスによって始められ、以来、イギリス・アメリカの樹芸研究者が主体となって研究が進められてきた。この技術は、わが国に一九四〇年代に紹介され、国立林業試験場や大学などで研究開発が行われている。

外科技術の代表例として、幹の腐朽空洞の修復例を示すと、図のように患部を切開し、空洞内壁の腐朽部除去および防腐処理を行い、硬質ウレタンなどを充填して開口部を封じ、整形する。このようにすると、腐朽の進行は阻止され、何年か後には患部は癒合組織に包み込まれるので、折損などの危険も回避される。

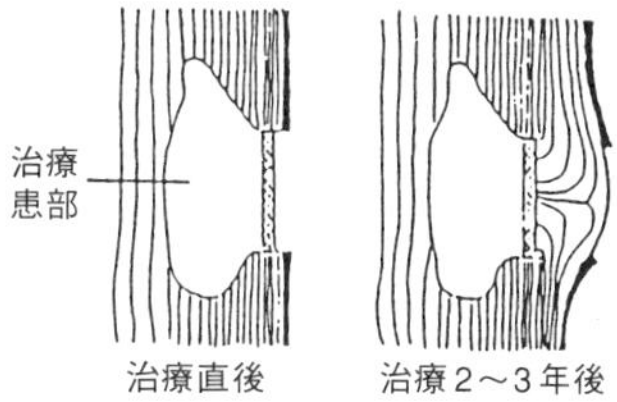

図３　癒合経過の模式図

最近は、材質腐朽病理の研究が進み、従来の腐朽部除去法の見直しが求められ、また、腐朽部から発生した不定根を積極的に利用するなど、新しい動きも出ている。

外科技術は、腐朽病治療の有力な手段だが、それ自体に樹勢回復を期待することはできない。あくまでその補助的手段と理解すべきである。

樹勢回復の本体は、やはり土壌改良と発根促進および病虫獣害防除など、適正管理にある。外科技術は、樹木治療の現場では先端技術だが同時に未完成な点も多く、適用を誤れば逆効果を招く危険性もあるので、安易に取り扱うべきではないと考えられている。

春夏の庭木の管理

寒くて長い冬が過ぎ去り、生命の躍動する春がやって来た。春は、庭木にとっても新たな成長を始める大切な時期である。今回は、広葉樹庭木の春から夏にかけて、どのような手入れが必要なのか、そのポイントをお伝えする。

表1　4～6月に発生する広葉樹緑化木の主な病害虫

区分	被害型	病害虫名	主な被害樹種
病害	葉枯性	炭そ病	ツバキ、モチノキ、モッコク
		うどん粉病	マサキ、カシ、カエデ
		すす病	サルスベリ、ツバキ、モクセイ
		さび病	シャリンバイ、ヤナギ、ツツジ
		斑点病	マサキ、モチノキ、アベリア
		褐斑病	ツツジ、サルスベリ、ライラック
		ごま色斑点病	カナメモチ、シャリンバイ、カリン
		もち病	ツツジ、ツバキ、アセビ
害虫	食葉性	ケムシ類	サクラ、プラタナス、ポプラ
		アオムシ類	モクセイ、ネズミモチ、ライラック
		ハムシ類	サンゴジュ、ケヤキ、サクラ
		ハマキムシ類	ツゲ、モッコク、マサキ
	吸汁性	カイガラムシ類	ツツジ、ツバキ、モチノキ
		アブラムシ類	カエデ、キョウチクトウ
		キジラミ類	トベラ
		グンバイムシ類	ツツジ、アセビアジサイ
	虫こぶ	アブラムシ類	サクラ、イスノキ

1. 冬越し後のアフターケア　常緑樹は樹冠に雪が積もりやすいので、枝折れや幹の倒れ・曲がりなどの被害がよく起こる。

折れた枝は、本章「枝打の勘どころ」を参考にして切除処理して頂きたい。幹の倒れ・曲がりは、支柱や副木などで矯正しよう。

2. 施肥と剪定　花木では、花が終わった後で、剪定と施肥を行う。肥料は有機質を主体とし、若木の剪定は思い切りよく行う。

3. 病虫害防除　気温が一五～二〇℃以上になると、病原菌が動きだし、虫たちの活動も活発になる。この時期に発生する病害は、葉を枯らして樹勢を弱めるだけのものが多いが、ごま色斑点病は木を根こそぎ枯らしてしまうこともあり、注意が必要である。通風・日当たりなどを良好にし、あわせて殺菌剤散布も行おう。

食葉性害虫は四～五月に発生し、短期間に葉を食い尽くして樹勢を弱める。幹や枝に産み付けられた卵塊やふ化直後の幼虫集団を除去したり、殺虫剤を散布する。

吸汁性害虫は葉や樹皮の美観を損ねるだけでなく、すす病の発生源にもなる。マシン油乳剤(冬)や有機りん剤(春)の散布をお勧めする。

秋冬の庭の管理

樹木にとって秋は充実期、冬は休眠期である。この時期は、いわば基礎体力造りの時期であり、新たな成長に向けての準備の期間ともいえるだろう。

秋冬の広葉樹庭木の主な管理は、施肥と土壌改良、剪定、病虫害防除などである。

1. 施肥と土壌改良　施肥は基肥を主体とし、冬に施す。堆肥、油糟、鶏ふん、などの有機質肥料と緩効性化成肥料を用いる。施用位置は枝先真下をメヤスとし、深さ一五～三〇cmまで耕して交ぜ混む。

排水不良や踏圧などのために樹勢が衰退したものには、土壌改良が必要である。根元から放射状に四～六本の溝を掘り、パーク堆肥二〇～三〇%(容積比)と無機質土壌改良材一〇～二〇%(同)を

表2　秋・冬に行う広葉樹緑化木の病虫害防除

区分	被害型	病害虫の種類	適期	防除方法
病害	葉枯性	うどん粉病 さび病 すす病	12～3月	石灰硫黄合剤30～50倍液を1～2回散布する。 吸汁性害虫防除を兼ねる。
	胴枯性	胴枯病 てんぐ巣病 こぶ病 材質腐朽菌	12～3月	病患部を切除し癒合剤（トップジンMペーストなど）を塗布する。必要に応じて、患部空洞の充填処理や支柱設置を行う。
	根腐性	根頭がんしゅ病 ならたけ病 根腐病	10～5月	掘り上げて病患部を切除、癒合剤を塗布した後、根元の土壌改良を行う。
虫害	食葉性	ケムシ類 イラガ類	12～3月	枝や幹上の越冬卵塊、サナギ、幼虫殻をブラシなどでかき取り焼却する。あるいは、マシン油乳剤50倍液を1～2回塗布する。
	吸汁性	カイガラムシ病 アブラムシ類		

混合して埋めもどす。実施時期は、常緑樹は三～六月ないし十月、落葉樹は十～三月である。

2. 整枝剪定　この作業の目的は、①幹・枝の形を整えて美しく仕立てる。②枝密度を調整して開花・結実を良好にする。③枯損枝や不要枝などを除去して樹体の健全化を図る。…などである。

一般的に①②を主目的に実施されることが多く、庭師さんの腕の見せ所になっているが、もっと③が重視されるべきだと思う。

剪定によって、病虫害や台風・雪害などを回避、軽減することもできる。

枝の切り方は、本章「枝打の勘どころ」を参考にして頂きたい。

剪定の適期は、常緑樹は四～六月と九～十月、落葉樹は十二～三月である。

3. 病虫害防除　この時期の防除は、幹枝、

表3　樹木の活力度調査の主な項目とチェック

項　目	チェック内容
葉色	健全な緑色か、異常な変色はないか
葉量	正常な量が着生しているか、バランスが取れているか
葉の大きさ	健全なものに比べて、小さくないか
葉形	歪み、萎縮などの変形はないか
葉の壊死	壊死斑の有無、斑紋のパターン、発生程度の部位はどうか
新梢の伸び	伸長量は適当か、枝による偏りはないか
梢端枯れ	枯れの発生程度、樹冠上の発生部位
枝の枯損	大枝、小枝、下枝の枯損程度、腐朽の進度はどうか
樹皮	外傷、亀裂、腐れ、害虫の穿孔などの有無とその発生程度
病虫獣害	主な被害の有無と発生程度、経過年

根系などの病害の外科的治療、越冬中の病菌や害虫などの除去が主体になる。

木の顔色

樹木の診断は最初に生育環境、管理経過などを調査し、続いて樹体の調査に取り掛かる。

樹体調査は地上部と地下部に分けて行うが、地上部の調査で最初に行うのが「活力度調査」である。その項目は、①樹形、②葉色、③葉量、④葉の大きさ、⑤葉形、⑥葉の壊死、⑦枝の伸長量、⑧新梢の伸長、⑨枝の枯損、⑩梢端枯れ、⑪萌芽期、⑫落葉状況、⑬紅葉状況、⑭開花状況、⑮剪定後の巻込み、⑯樹皮の状況、⑰病虫獣害である。

これらを一項目ごとに目視によって四区分《正常・正常に近い・悪化が進んでいる・著しく悪化している》のどれに当てはまるかを判定し、全体をまとめて総合評価する。

この中で、私が最も重要視しているのは「葉と枝」に関わる項目である(表3参照)。葉と枝は、樹木の健康状態を端的に表現するもので、いわば〝木の顔色〟と言っても良い。

葉の緑色が浅いのは不健康のサイン、葉の量が少なくて樹冠の背景が透けて見える木は、衰退症状を訴えている。衰退木の葉は、概して小形になる。新梢の伸び具合は、樹勢判断の指標としても有効である。さしたる病虫害が無いのに梢端枯れが目立つ木は、根系異常を示唆することが多いようだ。葉に変形や壊死斑が発生しているときは、薬害や大気汚染なども疑ってみる必要があるだろう。

このように、葉と枝をとおして〝木の顔色〟を診ることは診断の基本であり、木の訴えを聞く有力な手段であると考えている。

梢端《しょうたん》枯れ

「梢端枯れ」とは、新梢、葉、花の着生部である樹冠表層の梢枝が枯れることである。主な発生原因を系統的にまとめると、表4のようになるが、これらは枝自体を加害するものと、根系衰弱から梢端枯れを起こすものに大別される。

枝自体を加害するものは、枝枯病、てんぐ巣病、カイガラムシ類などの病害虫と、地衣類および皮焼けの害である。

病害虫は、枝に寄生して表4のような仕組みで枝を加害する。これらの加害性はあまり強くないが、日照・通風不良などの環境下では毎年繰り返し発生するため、枝は徐々に衰弱し枯れてゆく。

表4　広葉樹の梢端枯れの主な発生原因

要因	種　類	被害発生の仕組、内容	発生し易い樹種
土壌	踏圧害	人や車などが根元土壌を踏み固め、根系を弱らせる。	全樹種
	過湿障害	粘質土、覆土による排水不良などが根系の酸素不足を起こす。	全樹種
気象	干　害	夏季の高温小雨により土壌の有効水分が欠乏、梢端から枯れる。	ケヤキ、モチノキ、ツバキ類、ツツジ類
	皮焼け	直射光によって枝の形成層が高温障害を起こし、壊死する。	カエデ、ケヤキ、ヒイラギ、ヤマモモ
病虫	枝枯病	弱った枝の傷口から病菌が侵入し、枝を一周して枯らす。	サクラ、カエデ、ポプラ、キリ、クリ
	てんぐ巣病	腋芽から細枝が箒状に叢生して衰弱。花を付けない。	サクラ、キリ
	カイガラムシ	樹皮に寄生して細胞液を吸い取る。多くはすす病を併発する。	ツバキ、モチノキ、モッコク、サクラ
植物	地衣類	マツゲゴケ、ウメノキゴケなどが着生被覆し、衰弱させる。	ツツジ、サクラ、ウメ、カエデ
管理	根系切断	移植、工事による根系切断等の後遺症として枝枯れが発生。	全樹種

また、樹勢の弱ったものには病害虫も寄生しやすい傾向があり、悪循環に陥ると被害は大きくなる。地衣類や皮焼けによる被害にも、同じようなことが見受けられる。

地上部に病害虫などがあまり見られない場合は、土壌と根系に原因を求める。私の経験では、緑化樹の梢端枯れの約半数は踏圧・過湿障害などが関連していた。移植や工事で太根を切断した場合などにも、水の収支バランスが崩れて、梢端枯れが発生する。

近年、夏の異常な高温小雨がしばしば起こるが、保水力の乏しい土壌に生育している浅根性の樹種では干害が発生し、異常落葉や梢端枯れとなって現れる。

このように、梢端枯れは樹木の健康状態を読み取る上で重要な指標である。

幹の材質腐朽病

材質腐朽病は、木材腐朽菌が生きた樹木に寄生して、幹・枝や根を腐らす病気である。

広葉樹の幹の材質腐朽病を起こすものは、コフキサルノコシカケ、ツリガネタケ、キコブタケ、カワウソタケ、マイタケ、ワヒダタケ、ヤマブシタケ、サンゴハリタケなどである。特にコフキサルノコシカケはその代表的なもので、多くの広葉樹に寄生して材の心腐れを起こす。

これらの腐朽菌の主な侵入口は、幹や枝の外傷跡である。

図4　ニセアカシアの幹に発生したコフキサルノコシカケ

幹の中心部まで侵入した菌は、心材部を海綿状に腐朽しながら上下に広がり、最終的には心材を消化して空洞化へと進む。被害木にキノコが発生する頃は、病状は末期になっている。

心材腐朽の診断は、一般的には木槌による打診が行われている。正確な診断には、細いドリルで穿孔して材片試料を取り出し、患部の位置や腐朽進度を調べる。最近では、弾性波やガンマー線などによる非破壊調査法が試みられており、実用化が期待されている。

樹皮近くの浅い所に定着した菌は、形成層と辺材を侵して肥大成長を停止させる。その周囲の健全部は正常に肥大するので、患部は縦に長い溝状陥没となって現れる。これが《溝腐病》と呼ばれる症状である。診断は、剥皮やドリル穿孔を行って患部の広がりや腐朽程度を確認する。

材質腐朽病の病状進展は、緩やかで目立たないので、気が付いた時には回復困難な状態になっていることが多い。常日頃から、樹幹の外傷には注意し、とりわけ枯死枝や枝切り口の癒合促進は、適切に行うよう心掛けたいと思う。

根株心腐病

根株心腐病は、生立木の根株心材を腐朽させる病気の総称である。広葉樹では、ベッコウタケ、キゾメタケ、スルメタケ、ホウロクタケなどのキノコが病原菌となっている。

なかでもベッコウタケはその代表格で、ケヤキ、サクラ、アカシア、エンジュ、ユリノキなど十数種の広葉樹とイチョウを侵し、「べっこうたけ病」と呼ばれている。ベッコウタケは、写真のように中型のサルノコシカケで、傘は馬蹄形〜半円形、赤褐色〜黒褐色で周縁は卵黄色、肉質は強靭なコルク質。根株の樹皮上に初秋に発生し、一年で腐敗消失。心材の海綿状・白色腐朽を起こす。

根株心腐病の菌糸は、罹病木の根株や根系の中で何年も生きていて、隣接する新たな健全木の根系や根元の傷口から侵入する。菌糸は徐々に根株の心材を腐らせ、終には根元の空洞化や辺材腐朽にまで進展することも少なくない。

しかし、被害初期には外見的な異常はほとんど現れず、専門的な診断でもしないかぎり罹病木で

図５　ニセアカシアの根株に発生したベッコウタケ

あることに全く気付かない。末期になって、ようやく根元付近にキノコや腐朽開口部の発生などの異常が現れるが、その頃には根株の樹体支持力は極度に低下しており、倒伏の危険にさらされている。街路樹や公園木の根倒れは、人命に関わる重大事故につながる恐れがあるので、特に安全性への配慮が必要である。

診断は樹幹基部の打診と外傷跡の調査、ドリル穿孔調査などが主体となるが、根腐れの原因となる踏圧害や排水不良の有無を見極めることも重要である。

ならたけ病

ナラタケはキシメジ科の中型キノコで、傘は淡黄褐色で裏にヒダがあり、柄にはツバがある。枯れ木や倒木に発生し、古くから食用キノコとして親しまれており、こくのある旨味とシャリシャリした歯ざわりが人気を呼んでいる。鳥取県中・西部では、ザーザーと呼ばれている。

しかし、このナラタケは樹木、果樹、野菜などの根系を侵して「ならたけ病」を起こし、多犯性の土壌病原菌としても知られるキノコである。

緑化樹・造林木では、マツ、ヒノキ、カラマツ、サクラ、カエデ、カシ、ケヤキ、ナラなど、三

図6　群生するナラタケの子実体（今関六也・他、『日本のきのこ』、山と渓谷社、1993より）

十数種類の樹種を加害する。

被害木の地上部に現れる病徴は、葉の退色と葉量の減少、新梢の伸長不良、枝枯れの発生などで、特にマツ、ヒノキでは根元付近からヤニが浸出する。地際部の樹皮を剥いで見ると、形成層にやや厚い帯黄白色の菌糸膜が張り付いており、キノコ臭がする。根系も同様で、表皮は腐敗していて容易に剥がれ、細根は鞘のように抜ける。

伝染原は胞子と菌糸だが、菌糸は根状菌糸束（こんじょうきんしそく＝菌糸が集まって束になり、針金状になる）となって地中で数年間生きており、隣接する新たな健全木の根系や根株の傷口から侵入する。

病気は地下で進行するので、枝葉に病徴が現れる頃は、病状はすでに末期になっており、外科的治療を行っても回復困難な状態になっている場合が多い。

盛り土の害

「盛り土」とは、造園や道路工事等で地盤の嵩上げが必要になったとき、樹木を移植しないでそのまま埋立ててしまうことである。

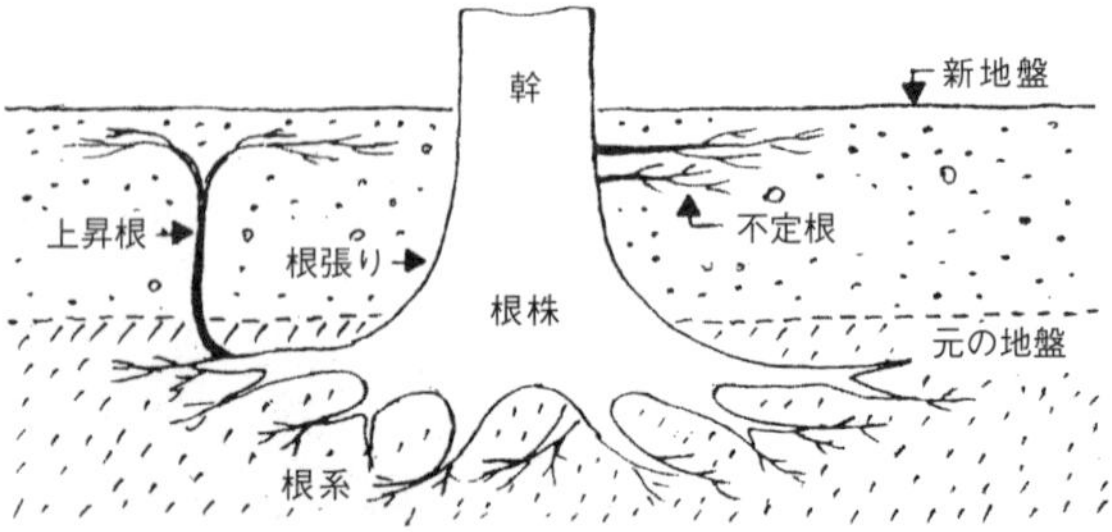

図7　「盛り土」された樹木の根元

移植できなかった理由は、大木のため技術的に困難であったり、経費や時期など種々あるが、多くの場合、後に問題を残す。

樹木の根は、一般的に全根量の八〇～九〇％が、深さ三〇㎝までの表層土壌に分布しており、養・水分の吸収や呼吸を行っている。

盛り土されると、元の表層土壌はその分だけ深くなり、腐植の供給も絶たれて団粒状構造が消滅し、通気性、排水性、堅密度などの土壌物理性が急激に悪化する。

その結果、根系は酸素不足や過湿で呼吸困難になり、活力を失って養・水分の吸収や新根の発生が衰える。根の衰弱は、やがて着葉量の減少や葉色の悪化、梢端枯れなどの衰退症状となって地上部に現れる。

盛り土された樹木は、注意してみると図のように地際に根張りがなく、通直な幹が地中から立ち上がっているような、不自然な姿をしている。

深植えされた樹木も同様である。根元を掘ってみると、側根や根株から上昇根や不定根を発生させ、酸素不足を補っているものもあるが、多くは悪条件に対応しきれず、根腐れを起こして衰弱の一途をたどる。

通気性、排水性の良好な土壌を好むアカマツ、クロマツ、ヒノキ、キリ、ケヤキ、ハンノキなどは、特に根元の埋立てには弱いようだ。

盛り土や深植えは、樹木に対する一種の虐待ではないかとさえ感じることがある。

根頭がんしゅ病

根元(根頭＝こんとう)や根系に発生する病気で、サクラ、バラ、ウメ、モモ、キリ、ポプラ、カエデ、クリなどの広葉樹と、一部の針葉樹に見られる。

病原体は細菌の一種(アグロバクテリウム属)で、明治中期に南米から輸入された桜桃の苗木によってわが国に伝播したと言われている。

病気が発生した苗畑や植栽地の土壌には、病患部の破片などの中に病原細菌が生き残っており、接木や挿木の傷口、床替や移植作業、あるいはネキリムシの食害などによってできた根系の傷口から侵入・感染する。

患部は、はじめ小さな白色の軟らかいイボ状だが、年々肥大して写真のようにこぶし大から人頭大のコブに成長する。コブ

図8　ソメイヨシノ老樹の根系に発生した根頭がんしゅ病患部(矢印)

は球状〜半球状で固く、表面は暗褐色でひび割れ、ごつごつした「がんしゅ状」を呈する。発病木は根系が発達不良になり、とくに細根の発生が著しく阻害されるので、活力の乏しい根系になる。

被害木の跡地に植樹すると、多くの場合、感染・発病する。これらは年を経るにつれて葉の黄変や小形化、新芽や新梢の伸長不良などの全身的な衰退症状が現れ、根系にはがんしゅ患部が多数発生している。

公園のサクラなどでは、根系を掘り起こして患部を切除する外科的治療も行われているが、病原細菌は根系の広い範囲に分散しているので、根治することは難しいようだ。

過湿の害

樹木の根は、水分・養分の吸収や新根の発生などを行うとき、エネルギーを必要とする。このエネルギーは、葉から送られてきた糖類を分解して取り出されるが、その時、根は土壌中の酸素を吸って炭酸ガスを吐き出す。つまり、根も呼吸しているのである。

粘土質の多い土壌や地下水位の高い低湿地の土壌は排水不良で、土を握れば指の間から水が滴り落ちるくらい水分過多になっている。また、空気が通る隙間か少ないので常に換気不良と酸素不足になっており、少し掘ると青味を帯びた灰褐色の土層（還元層）が見られることもある。

このような状態に置かれた根は呼吸困難になるので水分・養分の吸収や新根の発生が十分にできず、そのため地上部の光合成や物質代謝も減退するという悪循環に陥り、樹木は成長不良→衰弱の

表5　主な樹木の耐湿性

樹　　種	強　　い	やや強い
針　葉　樹	メタセコイア、ラクウショウ、エゾマツ	スギ、イヌマキ
常緑広葉樹	サンゴジュ、ヤツデ	アオキ、スダジイ
落葉広葉樹	ミズキ、ヤチダモ、ギンドロ、シダレヤナギ、トチノキ、アキニレ	ユリノキ、ホウノキ、サワグルミ、イロハモミジ、コブシ、ハナミズキ、シンジュ、アジサイ

一途をたどる。これが土壌の過湿の害である。

被害症状として、地上部には梢端枯れ、着葉量の減少、葉色の悪化などが目立ち、地下部には根量の減少、新根の発生不良、中～小根の変色・枯死などが現れる。

過湿土壌にも耐えて生育する能力を耐湿性というが、それは根の呼吸量によって異なる。測定実験(苅住一九六三)によると、根端の根量一ミリグラム・一時間当たりの呼吸量(マイクロリットル)は、

メタセコイア(1.0)＞ラクウショウ、ミズキ、ギンドロ、ヤチダモ(1.2～1.3)＞ユリノキ、スギ、ホウノキ(1.7)＞ハンノキ、サワラ(2.1～2.2)＞キリ、アカマツ、クロマツ、アカメガシワ(2.5～2.6)＞カラマツ(3.1)

となっている。呼吸量の少ない樹種は、酸素の少ない土壌でも生育できるので、耐湿性が大きいことになる。

主な樹種の耐湿性は、表のとおりである。

皮焼け

樹木の枝や幹に直射日光が当たりすぎると、樹皮が部分的に障害を

起こして枯死することがある。被害部の樹皮はひび割れ、浮き上がり、後に剥がれ落ちて木部が剥き出しになる。この症状を皮焼けと呼んでいる。

樹木の内樹皮と形成層の細胞は、摂氏五十二度以上になると高温障害を起こすといわれているが、真夏の高い気温の中で強い日差しを浴びると、樹皮の温度は危険な高温に達することがあると考えられる。このような状態が夏の間くり返されると、内樹皮や形成層は壊死し、皮焼けが起こる。

皮焼けはカエデ、ケヤキ、ウメ、ヤマモモ、ツバキ、サザンカ、ヒイラギなどのように、樹皮が薄くて滑らかな樹種に発生しやすい傾向がある。また、強い剪定が行われたり隣接木が間伐された時などは、今まで葉陰で保護されていた幹や枝は急に裸にされるので、真夏の直射日光には耐えられない。特に、水平に伸びた枝の上面や、幹の南西面などは日が当たりやすいので被害がよく発生する。

図９　ケヤキ主枝の皮焼け患部

根系不良による衰弱木や移植当年の大木などは、根から水分が十分に吸い上げられないので、夏の間、強い水ストレスに襲われる。水ストレスは諸害に対する抵抗力を弱めるので、皮焼けが発生しやすいだけでなく、患部の癒合が遅れて胴枯病や材質腐朽病にかかる危険性も高くなり、樹体を大きく損なう原因になる。

クリタマバチ

終戦の年の梅雨頃だった。私が住んでいた鳥取県智頭町では、この年、シバグリの枝に指頭大のコブが鈴なりに着生し、「こりゃあカチグリじゃ、日本が勝ついうお告げじゃ」というようなうわさが、まことしやかに流れていた。

初めてみる異様な物体におとな達も不安を感じ、戦勝祈願に結びつけたのだろうか。それから八年後、私は大学の森林昆虫学で、それがクリタマバチの虫コブであることを学んだ。

クリタマバチは年一回の発生で、成虫は体長三ミリ弱、光沢のある黒色の小バチである。

中国からの侵入害虫と考えられており、一九四一年(昭和十六年)に岡山県で初めて発見され、その後十年くらいで全国に広がった。

図10　クリタマバチの虫コブ

六〜七月に羽化した成虫は虫コブから脱出し、直ちにクリの新芽に産卵管を挿し込み〇・一五㎜くらいの卵を産みつける。

ふ化した幼虫は乳白色のウジムシ型(無脚)で、そのまま芽の中で越冬するが、翌春、芽の伸長が始まる頃、急速に発育して代謝物を分泌し、その刺激で芽の組織が異常に肥大して虫コブになる。

虫コブは直径一〜二㎝の準球形で赤みを帯び、葉は変形して小さく球果（イガ）もつけず、秋には小枝ごと枯れるので、被害木は梢端枯れや全身衰弱を起こす。

壊滅的な被害を受けた栽培クリは、抵抗性品種の育成によって問題は解決したかに見えたが、耐性個体が現れて再び被害が出ているようだ。カチグリの願いも空しく、日本はその年の夏に敗戦を迎えたが、自生シバグリの枝は今年も紫紅色の虫コブを付け、里山の尾根に揺らいでいた。

マイマイガ

マイマイガはドクガ科の仲間で、一年に一回発生する大形の蛾である。幼虫は、サクラ、ウメ、モモ、カエデ、ヤナギ、ポプラ類、コナラ、クヌギ、クリ、カキ、リンゴ、クス、カシ類などの広葉樹から、カラマツ、スギなどの針葉樹に至るまで、百種以上の樹木の葉を食害するケムシである。

図 11　ウバメガシの葉を食害するマイマイガの幼虫

成虫は七月上旬頃から現れ、雌はあまり飛翔せず樹木の幹や枝の陰面、建物の軒下などに二百〜三百個の卵を団塊状に産み付け、その表面を灰褐色の柔らかい体毛で覆う。

越冬した卵は四月頃にふ化する。体長一〜二㎜でやや黒色の長毛に覆われたふ化直後の幼虫は、しばらく団塊状に群がっているが、やがてやや高いところに移動して糸を吐いてぶら下がり、風に吹かれて分散する。この習性から「ブランコケムシ」とも呼ばれている。

分散後、盛んに葉を食べて成長し、六月頃には体長六〇～七〇㎜の老熟幼虫になる。老熟幼虫はカラフルで、頭部は丸く光沢のある黄褐色、胴体は淡灰黒色で背面と腹側に黄色斑紋が点在しており、体環節上に並んでいるコブは前方のものが青紫色、後方のものが黄赤色で、コブの表面から黒色の剛毛と灰白色の長毛が束生している。

この時期の幼虫は大形で食欲もすさまじく、二～三日見ない間に樹冠の葉が残らず食い尽くされることも希ではなく、そのため枝枯れや樹勢衰弱を起こし、時には枯死するものもある。

以前は森林の重要害虫とされていたが、近年では庭・公園木、街路樹などによく発生し、問題となっている。

ドクガ

ドクガ(毒蛾)は幼虫が葉を食害する樹木の害虫だが、幼虫・成虫とも体表に毒刺毛をもっており、触れると皮膚に痛みと発疹が起こるので、衛生害虫としても知られている。

成虫はドクガ科に属する中形の蛾で、年一回の発生。六月から八月にかけて現れ、夜間に飛翔して葉裏に卵塊を産み付け、表面を黄褐色の体毛でビロード状に覆う。ふ化した幼虫は全体が淡黄色で、初めは群生して柔らかい葉肉だけを食べているが、後には葉を丸ごと食べて成長し、十月頃になると幹を降りて根元の樹皮の割れ目や落葉下に集団で越冬する。翌春三～四月から再び樹上に移

図12　ウバメガシの若葉を食害するドクガ幼虫

動して六月頃まで盛んに葉を食害し、樹冠の葉を食い尽くして樹勢を弱めることがある。老熟幼虫は体長三〇～四〇㎜、体表は黒褐色の長毛が束にオレンジ色の斑紋が鮮やかで、体環節のコブには暗褐色の地生し、黒斑部には鋭い毒刺毛が密生している。

加害樹種はカシワ、クリ、クヌギ、コナラ、サクラ、ウメ、モモ、カエデ類、ツツジ・サツキ類、ヤナギ、スズカケノキ、ケヤキなど多くの広葉樹からアカマツ、カラマツ、ヒバなどの針葉樹まで広範囲にわたっている。

本種は乾燥気味の環境を好み、天敵微生物や寄生蜂などもあって大発生することは希だが、最近は生垣や街路樹、公園樹などでよく見かけるようになった。

近縁種のチャドクガは主としてツバキ、サザンカ、チャなどに寄生し、幼虫は年二回、四～六月と七～九月に現れて葉を食害する。これも体表に毒刺毛があり、触れると皮膚炎を起こす。

イラガ

イラガの幼虫は、サクラ、ウメ、カエデ、プラタナス、サルスベリ、ザクロ、カキ、ナシ、リンゴなど多くの広葉樹の葉を食い荒らす害虫だが、うっかり虫体に触れると皮膚に激痛が走るので警戒されており、俗にイラムシとかオコゼと呼ばれている。

成虫はイラガ科に属する中型の蛾で、年一～二回の発生。一回目は越冬幼虫から羽化した成虫で六月頃に現れるが、年により二回目の成虫が八～九月に発生する。

成虫は一葉に一～数個ずつ、葉裏に分散して産卵する。

幼虫の食害は六～八月で、初めは葉裏に潜んで軟らかい葉肉だけを食べ、発育するにつれて葉縁から葉を丸ごと食べるようになり、樹冠を裸にすることもある。

成熟した幼虫は体長が約二五㎜でずんぐり型、全体が黄緑色で背面には頭から尾にかけて紫褐色のひょうたん型の斑紋があり、体表面には鋭い刺毛を持った大小の角状突起が多数突き出している。その角状突起を波打たせながら葉上を歩行する姿は、外敵に向かって精一杯威嚇しているように見える。

図13　サンシュユ葉上のイラガ幼虫(左)と越冬マユ殻(右)

老熟幼虫は八～九月になると小枝の分岐部などに固いマユを作り、中で越冬する。

マユは長径一㎝余りの卵形で、表面は灰白色の地に黒褐色の帯状文様があり、スズメノマクラ、スズメノショウベンタゴなどと呼ばれている。

イラガの仲間はこの他にアオイラガ、ヒロヘリアオイラガ、アカイラガ、ヒメクロイラガなどがよく見かけられ、特にアオイラガは身近な公園木や街路樹などに毎年発生している。

ナラ枯れ①その発生メカニズム

近年、真夏の里山に広葉樹の異常枯損が発生し、深緑の山腹に赤褐色の異様なまだら模様が広がっている。枯死木に近づいてみると、根元付近には乳白色の粉状の木屑が降り積もり、樹皮面に無数の微細な穿入孔が見られる。被害木は主にコナラ、ミズナラなどのナラ類（暖地ではシイ、カシ類も加わる）であることから、一般に「ナラ枯れ」と呼ばれている。

図14　ナラ枯れ被害木の根元症状（左）とカシノナガキクイムシ成虫（右）。写真は鳥取県農林総合研究所林業試験場森林管理研究室長西垣眞太郎氏提供

ナラ枯れは、数十年前から主として本州日本海側各県に断続的に発生しており、鳥取県でも二十年くらい前から東部に小規模な被害が続いてきたが、昨年には中部地域まで拡大し激化の様相を見せている。

ナラ枯れは、病原体のナラ菌（カビの一種）を、カシノナガキクイムシ（養菌性キクイムシの一種）が媒介して起こす、ナラ類の萎凋病（ブナ科樹木萎凋病）であることが最近明らかにされた。

カシノナガキクイムシの成虫は体長四・六㎜前後の細長い円筒形で光沢のある暗褐色。六〜七月に前年の枯死木から脱出して健全なナラ類に飛来し、幹下部に集中的に穿入する。雌は孔道を堀り進みながら産卵するが、それにつれ

て、背中の胞子貯蔵器官から共生菌の胞子があふれ出す
胞子は坑道壁で発芽して豊かな菌糸層を作り、孵化幼虫や成虫の主食となる。ところが、共生菌の胞子の中にナラ菌の胞子も混ざっており、これも同じ孔道壁で発芽・増殖し、辺材組織を侵して幹の水分通導機能を停止させる。やがて葉が萎凋し、続いて樹冠全面が赤褐色に変わり、ナラ枯れ被害木となって現れる。

ナラ枯れ②その発生環境

各地のナラ枯れの調査事例によると、集団枯損が発生し被害が激化し易い林の共通的な環境要因は、①比較的高齢で大径木が多い、②ミズナラの生育密度が高い、③急傾斜地など乾燥しやすい地形や位置、④伐採等による急激な環境の変化、⑤夏期の高温少雨、などである。

カシノナガキクイムシは、前項目で述べたとおり大径木の地際部を選んで集中的に穿入・産卵する。そこにはカシノナガキクイムシ次世代の増殖に適した豊かな辺材部が存在するからである。

これらの大径木は、戦後、薪炭生産の急激な減少によって放置され、利用される宛もないまま老齢過熟林となって各地に残された旧薪炭林に由来するものが多い。これらは今後もカシノナガキクイムシの好適な穿入対象となることは明らかで、ナラ枯れのさらなる被害拡大が危惧される。

ナラ枯れは、わが国に分布するブナ科の二十二樹種のうち、ナラ・カシ類を主とする十六樹種を枯死させることが確認されている。このうち集団枯損が発生しやすい樹種は日本海側に多いコナラ、

図 15　マツ枯れの後にナラ枯れが発生した里山

ミズナラで、特にミズナラにその傾向が強い。

　カシノナガキクイムシの集中的な穿入は、辺材組織の機械的な破壊とともに、材中に撒き付けられたナラ菌から発生する有害物質によって道管の通導機能を阻害する。ミズナラ、コナラなどの道管は太いので土壌の水分不足に弱く、ナラ菌の影響も受けやすいので、中～小径の道管を持つ他の樹種より早く水切れを起こし、萎凋病へ進展し易いと推測される。

　保水性に乏しい急傾斜地、隣接する林の広範囲な伐採、夏の異常な高温少雨などは土壌の乾燥を招き、ナラ枯れを助長する要因となる。

広葉樹を語る

第8章　広葉樹を語る

（岸本　潤）

雑木林

森林、なかでも広葉樹林が人間の生活にどれほど根深く関わってきたか、とくに日本人の性格形成にどれほどつよく関わってきたか、そのことにこだわってみなければならない時代に入ったと思われる。

先史時代の昔から、ヒトの生存環境を支えてきたもの、それは色々な木々の林、広葉樹林であった。またの名は雑木林である。雑木林は里山でも、奥山でも、太陽と水と風土に根ざしていきいきと生き、人びとと共にあった。

みどり豊かな縄文時代のあと、弥生時代のイネと鉄をともなう農耕のはじまり以降、広葉樹林は消耗にさらされながらも、人びとと共生してきた。しかし昭和時代の後半、戦後復興のため、えいえいとして人工造林が行われたとき、生産性の重視ということで広葉樹は植林の対象とならず、かえって激しく減少していった。

国土緑化の思いはとりもなおさず自然回復の思いの筈であったが、時代の風潮は真の自然を見落としていたと思われる。健全なヒトの生活のためには、健全な森林の存在、健全な自然の存在が不可欠である。健全な森林は風土に根ざすものでなければならない。

むかしは森のリズム、広葉樹林のリズムの中でヒトの生活もいとなまれていた。いまはヒトの生活のリズムが自然を侵しており、自然のリズムはだんだんとおかしくなってきている。それは今や地球規模でおかしくなってきていると言われる。ヒトも生物社会の一員である以上、あまり、わがままに自然をつくり変えることに熱中するのは危険である。日本列島の約七割を占める森林は、恵まれた立地条件、多彩な生存環境となっている。私たちを守る緑のダムの中の、種の宝庫でもある広葉樹林、この天与の貴重な資源をムダな緑として放置することは許されないところである。しかし工業化社会の経済優先の論理はこれまでそれを忘れていた。雑木林として放置され、掠奪的利用にまかされている広葉樹林に対し、これから何をなすべきか、何ができるかを考えるべきときである。

私たちは、日本人の数千年の森と人間との関わり方に倣い、現状を見直し、今なすべきことを考えなければならない。自然との共生はまさに温故知新でなければならないと思われる。ヨーロッパでも産業革命のあと、ロマン派は広葉樹を愛し、自然に帰るべきことを標榜した。工業化社会として走りつづけている私たち日本人は、ここらで天恵の自然としての広葉樹林に思いを致すべきときである。

日本の広葉樹林は、温帯性の広葉樹林として落葉樹林と照葉樹林を併せもつ世界でも貴重なものと言われている。熱帯の広葉樹林の衰亡が問題となっているが、私たちの身辺にあった貴重な広葉樹林も、育成なき利用によって急激に衰弱している。二十一世紀は多様性の時代、個性化の時代と言われている。多種多様性は広葉樹林の特色である。今やもう広葉樹の時代というわけである。広葉樹林は賦活されなければならない。

私たち庶民の人生は、雑木林の木々と同じようなところがある。ヒトは個々それぞれに自分を抱え、ささやかにそれなりのロマンを抱きながら生きている。

森林というものの価値が生産性重視ではかられて久しいが、森林の価値は木材の供給のほかに環境価値などいろいろな価値がある。ただその価値を具体的に計算することは至難の業である。この頃、この価値についての社会的な認識は漸次深まってきたと思われるが、それはまだ認識の域を出ず、具体的な森林の経営の仕方は別次元で進行していると思わずにはいられない。森林の環境価値を思うとき、私たちの天恵の自然である広葉樹林の現況を思わずにはいられない。日本人の母なる森林としての広葉樹林、その多様性の中から、環境としての、文化としてのさまざまな価値をひきだす具体的なとりくみの努力をしなければならない。

木材は輸入できても森林は輸入できない。このことを肝に銘じ、今こそ健全な森林、健全な広葉樹林の回生をはかるため飛躍的な創意工夫をなすべきときであると思う。

広葉樹文化協会設立趣旨

自然破壊がすすみ、すべてが人工化していく世相の中で、自然をとりもどすための具体的な活動として、身近の広葉樹林（雑木林）を見直し、温存、増殖につとめ、その今日的役割の新生面を考え、資源として環境として、また文化として活用する方法を模索することを本協会設立の趣旨とする。

本協会では、林芸思想の普及と林芸技術の開発に力点をおいて活動を推進していきたいと考えている。

「林芸」というのは、農業における園芸に対する言葉として考えるものだが、森林の利用において、今までの林業より格段に広い対象領域（産業的、環境的、生活文化的）をイメージするものであり、森林なるものをきめこまかく工夫して多目的に活用する「いとなみ」を意味する新概念である。

「林芸」・フォレストアートは、林業に基盤をおきながら、森林の諸機能を文化的場面にまでひろげて総合的に活充することを構想する。

広葉樹文化協会は、林芸的取り組みによって、森林、就中広葉樹林の可能性を最大限に引きだす工夫をしようと思う。

広葉樹文化協会は、まず雑木林の活用のためいろいろな角度から創意工夫を加え、「林芸の森」造成などのデザインを練り、そこへ人びとを誘導するシナリオを書き、現代社会と自然の乖離をひきもどす手だてを模索する。

広葉樹文化協会は、衰弱しつつある広葉樹林にこだわりつづけることによって、もっとも自然らしい自然としての広葉樹林を社会的に回生し、ひいては林業を活性化し人間の生存環境の健全化、活性化を目標にする。

林芸・四季の森を造成

鳥取県では平成十年十月、全国育樹祭を開催するため、大型プロジェクト推進室のもと、鳥取市桂見に育樹祭会場となる「とっとり出合いの森」の施設整備を進めていた。この経過の中で、かねてより提唱してきた広葉樹文化協会の「林芸の森」の構想について、県当局のご理解が得られ、出合いの森づくりの一環に加えてもらうことができた。モデル林を発展させて「四季の森」を実現したいと念願していたので、協会も全力を挙げて協賛することにした。提案を採用して頂いたプロジェクト推進室長 谷口興治氏はじめ担当の方々に改めて深甚の謝意を表したい。

さて、「林芸・四季の森」は山林所有に無縁な一般庶民が、当事者的に森に関わりたいと思っても、現実にはなかなか関われないのが実状であるので、市民が気軽にかかわるための、それなりの〝森のかたち〟について創意工夫が必要と思い、そのための一つの提案としたものであった。

この四季の森は、農耕社会の暮らし方、四季の生活を下敷きにし、例えば、ジャワ島のプカランガン(樹木菜園)の知恵を引用するもので、農業での「貸農園」のような運営をイメージしながら「森と人」の共生のかたちを模索していくものである。

とっとり出合いの森の「林芸・四季の森」は、面積約二〇〇〇㎡、出合いの森の北東域に位置し、標高二八～三〇mで、北側と東側に典型的な里山が残存するが、敷地は谷筋を出合いの森造成残土で埋めたてた土地である。ここに左見取図のように一区画一〇〇㎡の広さの四区画を組み合わせ、花や実の季節感による春夏秋冬の森で一つの小さな森・「林芸・四季の森」とした。この森の占有面積はタテヨコ約三〇mで約九〇〇㎡の森となった。残地に駐車スペース、休憩施設が配置してあり、林内歩道（チップ敷設）、入口正面に「林芸、四季の森」標示板、案内図なども設置された。

広葉樹文化協会としても、平成九年九月からこの森の造成充実のために募金と植栽協力を企画し、機関誌Forest Artを通じて会員に呼びかけた。その結果、十年十二月末締め切ったところで、募金額百二十七万三千円（応募者三百五十六名）と造成協力、苗木提供等を含めて、造成協力者数が三百七十一名に達した。会員のご厚志に感謝を捧げた次第であった。これら協力者の芳名録は、デザイナーの白岡彪氏に依嘱してステンレス製の特殊焼付印刷という立派な銘板として敷地西側の東屋天井に掲額した。

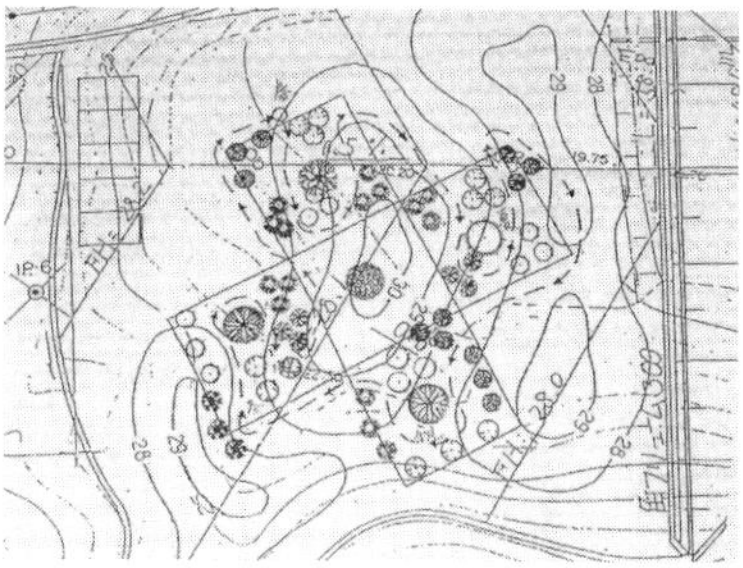

図1　林芸・四季の森見取図

図2　林芸・四季の森造成予定地

図3　「林芸・四季の森」の造成

広葉樹文化協会と私との関わり

（赤木三郎）

鳥取を発信地とする広葉樹文化協会が発足して十年が経過した。この協会が鳥取大学名誉教授の岸本潤先生を中心に組織され、先生の提唱された「林芸」に共感する多くの方が全国各地から参加され、投ぜられた一石の波紋が少しずつ拡がっていることに心からお祝いを申し上げたい。

創立以来の会員である私は大学での専攻が地質学であるので、ときに訝しがられたり、砂丘を調べながら広葉樹とは気が多いと思われがちである。しかし、私なりに理由があり、興味があって自主的に入会したのである。私の専門は地質学のなかでも地球の歴史を扱う地史学であり、地層から産出する植物化石は大地の形成時期を判断したり、堆積時の自然環境を指示する具体物であるから、木を見て森をも論じ、文化が語られるこの協会から学ぶことは限りなく大きいし、参加することは限りなく楽しい。

自分なりに地質学と広葉樹の関係を身近なところで振り返ってみよう。

地質時代は古生代、中生代、新生代などに区分されるが、これは動物の進化を手がかりに決められたものであり、たとえば中生代をMesozoic (era) と言うのは、中程度に進化した動物 (zo) の時代を指している。これとは別に古くから植物化石を手がかりに時代区分することもあり、そのときは古植代 Palaeophytic (era)、中植代、新植代と呼ばれている。植物界の変化は動物界の変化に先行して

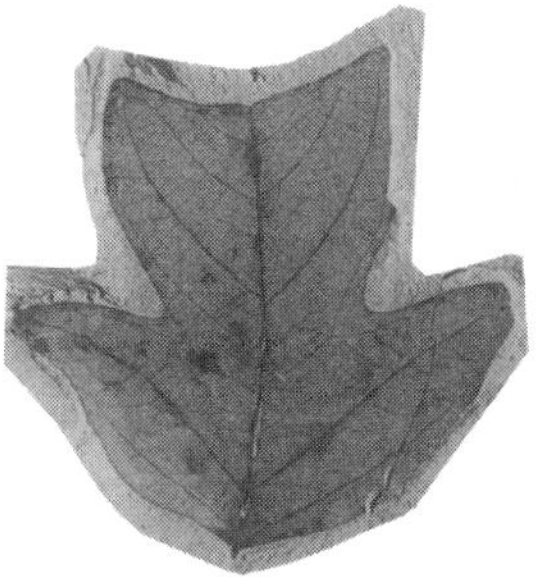
植物化石「ホンシュウユリノキ」

いる。古植代はコケ類とシダ段階の植物が主体のシルル～ペルム紀前期であり、中植代はペルム紀後期～白亜紀中期に相当する裸子植物の時代である。新植代は被子植物の出現した白亜紀後期以降に相当し、中植代に繁栄していたソテツ類、イチョウ類、針葉樹は衰退した。

　鳥取県下に限ってみると新生代第三紀の地層は広く発達しており、植物化石も相当数知られている。いずれも新植代の化石であるが、産出する植物化石は時代により、めまぐるしく変遷している。

　国府町普含寺などで見られる中新世の化石植物群はチュウシンフウ、ヤマモモ、スギ、メタセコイアなど温暖帯を示し台島型植物群と呼ばれている。

　ところが佐治村辰巳峠や三朝町坂本、人形峠、三徳など中国山地添いには第三紀中新世後期～鮮新世の三朝層群が広く発達しており植物化石を多産する。

　その内容はカエデやムカシブナを圧倒的に多く含みモクレン、カバノキを含む冷温帯落葉広葉樹に針葉樹、暖温帯性広葉樹を混交しており、三徳型植物化石群と呼ばれ、ここが日本での模式地とされてよく知られている。

　第四紀は大氷河時代と呼ばれ寒暖を繰り返した時代であるが、それを象徴するように植物化石も変化に富んでいる。倉吉市の陸上競技場からはハリグワ、ウワミズザクラを産出し、鳥取市長谷からは三木茂によってチョウセンマツが報告されたし、鳥取市口細見や津ノ井ではヒメバラモミを、最後の氷河期とされているウルム氷期には日野町下花口の泥炭層からはチョウセンマツ、コメツガ、トウヒが報告されている。第四紀完新世になると温暖化を証するツバキやオニグルミなどの化石が鳥取県庁工事現場から産出している。厖大なスギ材を使用した青谷上寺地遺跡の上流に当たる青谷町菅原湿原の花粉分析では古墳時代と考えられる泥炭層の最上部ではマツが優勢になっている。

身の回りの植生もこのように変わり続けることを知り、植物を通して今後も自然の変化を読みとりたいものである。


（福嶋千恵子）

植物をみつめて

遥かな日の夏の思いで……その心のふるさとに寄り添っていつも微笑んでいる花、〝ひるがお〟を私はいつか描きたい……そう決めていた。ある夏、その淡紅色の花一輪を車の窓越しに見つけた。天神川の河口に近い土手の上であった。かけよってその柔らかな感触を、そして、しぼりを開いていった白いひだあとを確かめていった。

深緑《ふかみどり》の葉に包まれ涼しい顔をして悠々と生きて来ているその花を見つめながら、この記憶は私の憶えているかつての、あの懐かしさを越えていると思い始めた。

一瞬〝ひるがお〟の片ひらが〝こくり〟と折れ返りうなずきのしぐさをした。とっさに私の心の優しさの〝たが〟は持ち切れなくなり〝パチン〟と弾けていった。

川面から微かな風が頬をかすめていった。溢れるやさしさと親しみをたたえて、この花は世界のどれはどの人を和ませてきたことだろう。

河辺の葦が強い風にそよいで擦れ合っていた。パピルスを考え出したエジプトの人達も、水を求め川魚を探して岸辺に暮らしていた太古の人達も、必ず耳にしていたはずの何気ない乾いた葉ずれの音であった。

ひるがお

『Forest Art』の民間薬シリーズにまた「挿絵を」とのお話があった。「薬木のはなしその二は合歓(ねむのき)にしたいのですが」のお電話である。六～七月に目を楽しませてくれるあの花が八月下旬にまだ咲いているのだろうか、と心配をした。

谷岡浩先生は即座に「奥へ入ればまだ残っていますよ」とおっしゃる。高枝バサミと水揚げの用意をして三朝町竹田の谷を奥地へ走った。

羽状葉のねむの樹が川沿いに何本も見つかり、花だけでなく大きな豆ざやで、豊年万作であった。「あの懐かしい紅色にきっと出会える。そしてあのたくさんの小葉も描いて」とさらにアクセルに力を入れた。——とうとう描き上げて、「これで難度の高い植物にも取り組める。ボタニカルアートにふさわしく、豆のさやまで描き込めた」と嬉しさをかみしめた。

私たちは〝ねむのき〟のことを、ほのぼのとした紅い花あってこそ好ましい、と思い浮かべてきた。

ところが、谷岡浩先生の解説のお蔭により、かの広葉樹には漢方薬として果てしない底力が秘められていると識った。それほどの力のある樹だったのならもっと近づいてその溢れるオーラに浸り〝気〟を充たし、心身のバランスを整えることもして来ればよかった。目を閉じてさわさわと揺れる小葉の風をしっかり吸い、心を澄まして来てもよかった。そして目を開けてキラキラと輝く〝フィトンチッド〟をウィンクしながら見つめてみてもよかったのでは。

ねむのき

〝ひるがお〟の仲間の〝あさがお〟の種にも瀉下《しゃげ》の薬効があった。そうだから黙って聞き入れてロート状の花央にどんどん吸い込んでいってくれたのだろう。

私たちは今日ここまで転生してくるまでに(と想像して)何度〝ひるがお〟に想いを聴いてもらった事だろう。〝ひるがお〟は何を記憶して、何を私たちに伝えたいと願ってきたのだろう。その問いには目を輝かせ、そして凛として〝平和な世界〟と答えるにちがいない。森羅万象を織り尽くして、なお限りなく微笑みを贈り続けてきてくれていた。

樹木を慈しみ、豊かな地球を目指して活動を続けてきている「広葉樹文化協会」の私たちは、〝ねむのき〟を初めとする多くの植物の、これまでに果たして来てくれたさまざまな役割に深く感謝をし、いま応えを贈るときを迎えたのではないだろうか。
無限の知恵を秘め、一隅を照らしている草木《そうもく》を、実は私は描かせてもらっていた。

（上柿拓生）

カナダ便り　クリの木のある風景

私の住んでいる街にはクリの木が街路樹として植えられているところが何ケ所かある。たまたま、私の顧客の家の前がそうであるので毎年十月になるとクリの実拾いを楽しむことができる。（写真参照）

クリの木の街路樹

私にとって、クリの木は子どもの頃より、大変なじみの多い樹の一つだったので、クリの街路樹と出会ったときはとても感激した、
クリといえば、もう四十年位昔の話であるが、鳥取大学の林学科の学生時代、森林利用並びに林産製造学研究室で〝クリの小径木に関する研究〟というテーマで卒論を書いた同級生がいる。

当時鳥大の蒜山演習林の中に相当数のクリの雑木が存在していたのでそんなテーマが考えられたのだと思うが、演習林実習の中でクリの実拾いといったような楽しい想い出はなく、唯、ムンムンするような暑さの中で径一〇～二〇㎝位のクリの木を伐って円盤を採った記憶が残っている。

私の育った丹波地方では、カキと並んでクリの木は、どこにでもある大変身近な存在で、クリ拾いの外に、シイの実ドングリひろいのできる林は子ども達にとって最高の遊び場所だった。

一九六〇年代になって丹波の田舎にも工業化の波が押し寄せ、年々田圃は埋めたてられ、美しい田園風景は消えていき、里山の雑木林は青々とした杉の人工造林か赤茶けた宅地造成地に姿を変えていった。

雑木の一ぱい混じった古里の山々は、秋になると昔の小学唱歌「紅葉」で

——秋の夕陽に照る山モミジ、

　　濃いも薄いも数ある中に、

　松を色どるカエデやツタは、

　　山のふもとのすそ模様——、

と歌われた通りの風景であり、冬になると裸木の雑木林の中に山柿の真っ赤な実が点々と熟し、あれは小鳥のとり分だよと誰もとらずにいた。

そんな風景がふるさとからなくなって、どれ位たっただろうか？

十年前、岸本先生の提唱による広葉樹文化協会が設立されたとき、私はすぐに子どもの頃、クリ

を拾いアケビを採り、きのこ狩りした楽しい遊び場だった雑木の混じった里山の風景のことを考えた。

今、日本中のあちこちで雑木林、広葉樹の文化が熱く語られるようになって、それが現代の子ども達が知らない、私達の世代が昔四季の移り変わりを感じたようなあの里山の原風景を、再びよみがえらせるきっかけになっているとしたら、実に素晴らしいことだとおもう。

（本橋幹久）

ブラジル通信　南米パタゴニアの南極原生林

〈人びとの知恵を広葉樹に結びつける〉広葉樹文化協会。創立十周年を迎えられ誠にお目出とうございます。

岸本会長のご好意で海外特別会員として入会させていただき、機関誌 Forest Art を毎回お送り下さり、厚くお礼申し上げます。Forest Art 誌は畜産を専攻している私にとりましては、少々門外漢なのだが、毎回大いに関心を持って読ませていただいている。それは、なんとなく故郷の懐かしき山々に想いをはせさせてくれる、といったこともあるが、何と言っても、〈鳥取〉を発信源として全国に情報を発信している、鳥取には数少ない、しかもユニークで意義深いもの、と思っているからである。私は、現在ブラジル鳥取県人会の世話役として、主に母県鳥取との連絡、交流を担当していることもあって、他県の会員の方には失礼とは思うが、この鳥取発信ということに強い関心を寄せ、誇りにさえ思っている。

〈TOTTORI〉発の〈FOREST ART〉の情報が、日本国内にとどまらず、広く世界に向けて発信されるよう、協会のさらなるご発展を遥かに祈念する。

この度、十周年記念特集号にブラジルの広葉樹のことでも投稿を、との光栄なお誘いを岸本会長より頂いたが、実は最近(二〇〇一年十二月下旬)南米大陸南部のパタゴニアで、南極ブナ原生林を散策する機会があったので、そのことにつき写真を添えて書かせていただきたいと思う。

先ず南極ブナ原生林の背景となるパタゴニアについて、ご存知の方もおられるかも知れないが、一応記しておく。

南米大陸の南寄り約四分の一の、幅がだいぶ狭くなっている南緯四十度あたりからマゼラン海峡(南緯五十三度)までの、相当に広い地域を「パタゴニア」と呼んでおり、大陸の左側に沿って南北に走るアンデス山脈の西側(太平洋岸、チリ領)は、主に山岳とフィヨルド海岸であり、山脈の東側(アルゼンチン領)は麓から大西洋まで平坦な大地になっているが、風が強く気候の厳しい地域といえる。

一五二〇年、マゼランによって大陸南端部に「マゼラン海峡」が発見されたとき、海峡の北側つまり大陸の方を、この地域の先住民の大きな足跡(体格も大きかったが体や足をグアナコの毛皮で覆っていた)を見たことより、〝大足の地〟の意味の「パタゴニア」と称し、また海峡の南側つまり島になっている方を、やはり先住民が夜間焚いていた数多くの焚き火を見て、〝火の地〟の意味の「ティェラ

デル　フエゴ」と呼び、「フエゴ島」と称した。このフエゴ島の南の一部は「ビーグル水道」によってナバリノ島など小さな島々に分かれており、その最南端が「ホーン岬」である。ビーグル水道（南緯五十四度）の港町ウシュアイアは、南極大陸に一〇〇〇km足らずの〝世界の最南端の町〟で、夏でも平均温度が摂氏十度以下である。

ビーグル水道の名は、一八二六年、一八三二年の二度にわたってこの地方を探検した船ビーグル号に由来するが、一八三二年の探検航海にはチャールズ　ダーウインが同行して、この地方の調査結果を「ビーグル号航海記」に詳しく記しており、またこの地の先住民との出会い、動物、植生の調査結果、そしてこの後、巡航していったガラパコス諸島、タヒチ島、オーストラリアなどの見聞が、後に彼が進化論をまとめるヒントになったと言われている。

パタゴニアやフエゴ島には数種の先住民族が住んでいたが、世界の他地域でも同じような例がある如く、マゼラン以来の所謂文明人の侵入、接触で、特にフエゴ島ではゴールドラッシュの影響もあり、パタゴニアでは近代の羊毛産業の発

図１　南極ブナ原生林にて筆者。アンデス山脈最大のウプサラ氷河の隣接地域

図２　本橋さんから御寄贈頂いたブラジルの原色樹木図鑑

展による養緬羊などの為、先住民族は姿を消してしまった。フエゴ島には四種族いたのだが、その中のヤーガン族などはこの寒冷地でもほとんど裸で暮らし、食料の海藻や魚をとりに冷たい海に入るときは、オタリア（アシカ科）の獣脂を体に塗ったとのことである。ところでこの先住民族の祖先は、私たちと同じモンゴロイドなのである。少なくとも一万二千年の昔、氷河期のベーリング海峡を越えて北米、南米へと二〇〇〇〇km以上にもおよんだモンゴロイド大移動の終りの地は、「世界の地の果て」と日頃よく言われているこのフエゴ島だったのである。（モンゴロイドの南米への渡来は、一部は太平洋の島伝いにもあったようだ。）

時には乳幼児に蒙古斑が有ると言うインカの人たちが住んだアンデス四〇〇〇m以上の地、そしてこのフエゴ島など自然環境の厳しい地域に、どうしてモンゴロイドは移動して来、住みついたのだろうか。

人類ホモ サピエンシスの自然に対するしたたかな順応性、しかし、一方では、人間にとって必要な文明によって、結果的には淘汰されてしまったことを、風が強く寒くはあるが、よく晴れわたったビーグル水道を眺めながら考えた次第である。

「南極ブナ原生林」と一般に言われているものの分布は、南端のフエゴ島より北に向かってパタゴニアのアンデスの麓を一五〇〇km以上にもわたって延びている。そして通称「南極ブナ」には、その学名にまさしく南極の文字があるものも入れて次の六種のブナ（*Nothofagus*）がある。（学名と現地の呼名）

Nothofagus antarctica	Nire
Nothofagus betuloides	Guindo
Nothofagus dombeyi	Coihue
Nothofagus nervosa	Rauli
Nothofagus obliqua	Roble Pellin
Nothofagus pumilio	Lenga

Lenga（レンガ）の分布が最も広く、Nire（ニレ）、Coihue（コイウエ）が次に多いとのこと、レンガ、ニレは落葉樹で秋には紅葉する。フエゴ島やパタゴニア南部の原生林はレンガが特に多いようで、

図3　ブナ（*Nothogus pumilio,* Lenga）の原生林、氷河湖＝アルゼンチン湖の入江水道＝スペガジニ水道の隣接地域

図4　レンガ（Lenga）の原生林の最南端であるビーグル水道の海岸フエゴ島

図5　フエゴ島は特に風が強いので耐風姿勢となる、ビーグル水道海岸近く

林の中は意外に下草は繁っておらず(図1)、場所によっては枯木が目に付く程度である(図3)。この地域は気温が低いため、短い夏には平地でも高山植物が花をつけるが、ブナ林もレンガの南限であるフエゴ島では、山中ではなく海抜ゼロ、つまりビーグル水道の波打ち際から繁茂している(図4)。パタゴニア全域に言えることは風が強い事だが、フエゴ島は特にひどく吹くため、孤立して生えているブナの木は耐風姿勢となる(図5)。

ブナ林で白く枯れた立ち木を見かけることかあり、その原因は色々あるだろうが、その一つにMyzodendraceae 料の寄生植物が挙げられている。これは植物体がちょうど提灯のように丸く形づくってブナに寄生しており、よって別名シナの提灯とも呼ばれている(図6)。木を枯らすまでには

図 6　ブナの寄生植(Myzodendraceae)、提灯のように丸く形づくる。別名シナの提灯

図 7　ブナに寄生している茸キタリア(*Cyttaria darwinii*)先住民は食料ともした

図 8　ビーバーが建設したダムにより低地が冠水し、ブナ林が枯れているところがある

ならないだろうが、ブナに寄生する茸キタリア(*Cyttaria darwinii*)は、ダーウインの命名によるもので、鶉卵からピンポン大でクリーム色をしており原住民は食料にしていたので、「インディアンのパン」とも言われており、落ちたりしないで木に付いたまま枯れると、木の瘤となってしまう(図7)。またこれは人間の考えの浅はかさを物語ることにもなるのだが、フエゴ島の毛皮産業にいささかでも役立てばと、もともと南米大陸には生息しないビーバーを二十五つがい導入したところ、よく繁殖もし、しかも予想以上の大きなダムを建設するため、低地が冠水してしまい、ブナ林を枯らしている事例もある(図8)。

降雪量の多いアンデス山脈の氷河は、その大部分がいまだに成長しており、アンデスで最大のウ

図9　60～100 mの氷壁が轟音とともに氷河湖に崩れ落ちる瞬間、有名なペリトモレン氷河、永年氷であったのが水にもどり、自然を潤し、ブナ原生林の生育を促し、ブナ林土壌中の有用な微量成分を、海に運び出す

図10　ビーグル水道の小島の海鳥ウミウとアシカ科のオタリア

図11　トンボ岬のマゼランペンギンの営巣地、3歳以上の雄雌で穴を掘って巣をつくり1～2頭の子を育てる。3歳以下の独身は波打ち際で遊んでいる。ここは50万羽も集まる大営巣地

プサラ氷河は八〇kmにもおよび、見晴らしの良いところにあるため観光地として有名な、ペリトモレノ氷河(図9)は、河幅五kmで高さ六〇～一〇〇mの氷壁が、轟音とともに氷河湖に崩れ落ち、永い間氷であったのがまた水に戻り、自然を潤している。

無論ブナ原生林の生育も促し、ブナ林土壌中の有用な微量成分を海にはこび、海藻を繁茂させ、パタゴニア地域の海域を豊かな漁場としているのである。白身のタラなど多く輸出されており、ことによっては練り製品の原料などとして日本にも輸入され、すでに皆さんの口にも入っているかも知れない。

この海域が、海藻、魚が豊富であることを証明するかのように、ビーグル水道の小島には、おびただしい数の海鳥ウミウやアシカ科のオタリア(図10)が棲息している。少し離れてはいるがバルデス半島には、同じくオタリアのコロニー集団地や、ゾウアザラシの繁殖地がある。

またトンボ岬の五十万羽も集まってくるマゼランペンギンの大営巣地(図11)など、豊かな自然の中での動物たちの営みを見ることが出来るのも、なにか南極ブナ原生林とつながりがあるように思えるのである……。

ブラジルの樹木は、もともと針葉樹はごく僅かで、大部分は広葉樹である。そのブラジルの主だった樹木の写真図鑑「ARVORES BRASILEIRAS（ブラジルの樹木）」を、ご覧いただければとお送りする。これは一樹木に付き、大全景、花葉、果実、種子、樹皮、木目、の六枚の写真と苗木の仕立て方まである説明文とに成っているが、残念ながらブラジル語のみで書かれており(学名は記載)、写真でもご覧下さればとおもう。今回のは第二巻で、第一巻は以前送らさせていただいたが、両巻合わせて約七百種が載っている。当地では、この種の書籍としては珍しいほど評判が良い本である。

ブラジルは、アマゾンの熱帯雨林をはじめ、乾期・雨期によって水位が大きく異なるため、魚類、鳥類、植物、樹木も種類が豊富であるパンタナール(日本とほぼ等しい面積)など、感動を与えてくれる自然が未だ多いところと思う。一度実際に接して見られるようお奨めし、お待ちしております。

（川瀬　清）

北海道の雑木林

雑木林といえば小中径木の林を連想することが多いが、北海道で魅力ある広葉樹は大径木の場合が多く、外国でオークと呼ばれるミズナラの林や、エルムの学園と呼ばれる北大のハルニレの林はいずれも大径木で、ポプラ並木は天にそびえ立つ高木である。

北海道観光で目につく雑木林はおそらくシラカンバの林だろう。白い木肌の一斉林が、とても美しく、よくまとまっていて、とびぬけた清潔感に魅力がある。早春この木から採れる樹液にはリューマチ・高血圧・通風に対する効能があるといわれ、健康によい清涼飲料としても利用されている。

鉄道防雪林には造林しやすいヤチダモの林などがあるが、その他の雑木林はボケた私には中々思い出せない。

私の一番関心をもっている雑木林はミズナラの巨木のある林である。樹令何百年もの巨木がでんと腰を下して、あたりを睥睨《へいげい》している姿は実にすばらしい。

ミズナラの種は重いから、白樺のように緑地一面に種を播き散らして一斉林を作るようなことはなく、団栗《どんぐり》はリスやカケスに運ばれるから、地球上の分布はカケスの分布と一致している。

ミズナラ材は欧米ではオークと呼ばれ、かつてインチ寸法で製材されたいわゆる吋材《いんち》が欧米へ大量に輸出されて行った。私はルーブル美術館の床板がオークで統一されているのを見て、北海道のミズナラ材じゃないだろうかと思ったことがある。

楢《なら》や櫟《くぬぎ》の葉は黄にそまり、という小学唱歌のとおり、楢の葉は黄褐色になるが、北海道だけだろうか、楢の稚樹の葉は紅葉する。私は北海道立自然公園朱鞠内《しゅまりない》の道路の法面がどこも都会風に芝生できれいに整備されているので、そこにそっと団栗を埋め込んで様子を見ている。秋にはミズナラの稚樹が紅葉して、北海道の自然公園らしい風情をみせてくれるようになるにちがいない。

この公園のある幌加内《ほろかない》町に町の活性化を頼まれて、その方法の一つとしてこの公園の整備を考えた。かつて町では、どこでもするように桜並木を作ったが、寒さと

シラカバ並木

広葉樹の見本園

雪害で枯れて一本も残っていない。でも附近の千島桜は雪の中で寒さにも耐え続けている。そこでこの公園の整備には千島桜が最適と確信して植え込んでいる。その千島桜が春には美しい花を咲かせ、秋にはきれいに紅葉している。背の低い千島桜は湖を眺めながら同時に見渡すことができてすばらしい。色のきれいな千島桜を組織培養で苗木に育て、千本桜を造ろうと協力を申し出ている研究者もいる。

北海道の雑木林について寄稿を望まれたが北海道の雑木は北海道人と同じように大雑把で、簡単のようで意外とむずかしいことを痛感している。

（口村光房）

松枯れの後に

二十年程前になるが、マツノマダラカミキリを飼育したことがある。

七月に、松の生木を風呂木にするために切って積んで置くと、翌日にはたくさんの成虫が集まっている。体が大きく触覚も立派なのが雄で、よく見るととても怖い顔をしているが、性質はいたってのんびりしている。飼育箱に黒松の新梢をいれておくと、葉の無い部分をとても美味しそうに食べたが、四、五日するとみんな死んでしまった。シャーレに水を入れて置くと、飛んで来て飲む。それからは、天寿を全うするまで飼育することができた。

交尾を済ますと松の丸太に産卵し、しばらくしてから卵からかえった幼虫は皮の中に潜り込む。

螺旋状に潜りながら、皮から幹へ、そして幹の中心方向に進んでいく。

寒い冬にもかじった屑が防寒と通気の役目をしているらしく、元気に成長を続けている。やがて蛹となり、松の新梢が伸びて食い頃となると羽化して飛び出していく。

風呂で燃やすつもりで積んでいた薪から、羽化して飛び出したことがあった。手始めにすぐそばの黒松の盆栽をかじり、裏の畑の松もかじっていた。「やられた……」と思ったが後の祭。しかし、どちらも元気で今も手元にあるから、マツノマダラカミキリが松枯れの真犯人であったのか。それとも悪いカミキリと普通のカミキリとがあるのだろうか。枯れて間もない松を顕微鏡で調べたが、ついにマツノザイセンチュウには出会わなかった。

摩天崖

その後、マツノマダラカミキリを撲滅するための、農薬の空中散布が随分行われた。しかし、効果が現れた所は隠岐の島には一カ所もなかった。

後醍醐天皇の行在所として有名な黒木御所などは、一本ずつジェット噴射が行われていたが、ついに全滅してしまった。日本でも有数の松の景観地が……。

それから十数年後、知夫村へ転勤したが、松の成木は殆ど見られなかった。中程から上が朽ちている松を見た本土出身者が、「隠岐には不思議な植物があるんですねえ」と真顔で言って、大笑いしたことがある。三年の間、赤禿山のスミレを食草とするオオウラギンヒョウモンに出会おうと、オカトラノオやクマノミズキの花に、双眼鏡や五〇〇ミリのレンズを向けたが、とうとう出会えなかった。

それでも、自然の力は偉大である。

松が枯れたら、ヤマザクラなど広葉樹が元気を出してきた。

古来、桜の歌は多数あるが、あれはソメイヨシノではあるまい。オオシマザクラやエドヒガンなどであるはずである。霞で本土が見えない日、むかしながらの山桜が随所に見られるようになり楽しみである。

谷筋のわずかな杉とタブなどの常緑樹を除いて、殆ど緑のない荒涼とした島前の島山が、四月には緑に溢れ返る。しかし、中に入ってみると、サルトリイバラが我が物顔でのさばり、山歩きは容易ではない。そして、工事によって削り取られた山肌には、カヤやクズが猛烈にはびこっている。

そんなおりに、樹木医の資格をもつ吉岡武雄さんが転勤して来られ、その縁により広葉樹文化協会の活動が始まり、一九九九年の六月に西ノ島運動公園に植樹が行われた。バードゴルフ場付近は常に手入れがなされているが、斜面のものはカヤとクズに苦戦をしている。去年の十一月には下刈りをし、今寒肥をやっているので、今年は樹木らしくなるだろう。そして、この植樹の輪を広げていこうと、仲間達と木の成長を楽しみながら語り合っている。

樫　楓　萱を越えよと　寒の肥

シカやイノシシなどと「戦う」ヤマサクラ

（たむら　ろく）

君津市在住の樹木医・小池英憲さんの新年の挨拶状に、「故・上原敬二先生の『樹木の総論と鑑賞』の一節に［樹藝］とは、〝樹木を人生の伴侶とし、その鑑賞、利用を最大にする事を研究する学と術との称である〟とあり、この文言が好きで、林学・園芸・造園等の全ての知識が求められる樹木医の目指す道であると考えています」と書かれていた。広葉樹文化協会も発足に当たり、新概念〝林芸〟Forest Art を掲げ、その普及を目指しているので、日頃の自分の力不足を反省するとともに、私も指針にしたいと共感を覚えた。

さて、兵庫支部での活動は、矢木支部長が述べておられるので、三田市藍本山林でのヤマサクラ植樹会と保全の独自活動について触れてみる。

里山の景観保全と実用的なサクラ林の造成を目指して、オオシマ系のヤマサクラの植樹を初めて行ったのは、一九九八年三月二十九日だった。まだ当時は、神戸三田支部という名称だったが、その前年に、鳥取大学の古川郁夫先生と吉岡武雄樹木医が三田にこられたおりに、当社山林の伐開跡地を見られて提案されたのが、具体化の始まりだった。

サクラの植樹会には、岸本会長や作野友康先生をはじめ、前記のお二人に新たに樹木医の中島末二さんや中西史三さん、森林インストラクターの一樹洋彦さんや、里山工房の渡邉和俊さん等多彩

藍本山林のサクラ手入れとバウムクーヘンつくり

な専門家にボランティアで加わっていただき、毎回、小学生から大人までの幅広い百人以上の参加者で五百本近くを植えた。その後三年目からは補植と経過観察中で、手入れとイベントが中心になっている。

というのも、第一回目植樹の夏に、植えたサクラの半分程が高さ一ｍ程の位置で軒並み析られているのを発見し、心ない人のいたずらと警察に届けたもので、一時、新聞各紙やテレビでも報道される騒ぎとなった。その後、記事を見た人からの連絡やよく調べた結果、シカによる食害であることが判った。急遽、幹の切り戻しと腐朽防止の処置などをして経過観察をしたが、その年に新たに萌芽した枝にも食害が続いた。翌年、春に第二回目の補植と新たに別の場所に植えた分も、やはり引き続き被害を受ける結果となった。

手入れの方法を坪刈りに限定したり、支柱を高くしたり工夫をしたが、被害を受けたサクラは幹が立ち上がらない内に株立ち状態で食害されるので、陽樹のサクラには致命的なことで、昨年は、手入れも止めて自然状態のまま推移を観察している。

食害を免れたサクラには結構大きくなっている樹もあり、昨年(三年目)初めて、白い清楚な花を、葉の間にちらほらと着けているのを確認できた。

この一年ほどイベントを休んだので、「里山遊び、木工教室・ツル細工・自然観斎会やピザ・バームクーヘン焼き」など「楽しかった、また、やってよ」との声も強く、この春には残っているサクラの花の観察会を予定している。

山のサクラの植樹は、イノシシによる掘り起こし、野ウサギやネズミなどの食皮など野生動物（生物）との〝いくさ〟でもある、最近は、日本では失われたシカの天敵、生態系の頂点、オオカミの日本への再導入にこだわっている。

森が海を豊かにする

（中上　光）

近年、環境破壊を背景に森と海の関係について、偉い先生方からのご意見が多く出されている。私には実証する能力がないから、森が海を豊かにするんだと信じるしかない。どれくらい信じているかと言えば、神、仏、裁判官、警察官よりも上で、日本気象協会の明日の天気予報と並ぶくらいである。

私が本を読みあさって、知ったかぶりをして、ここに色々並べて見たってどうしようもない。が、自然の海の生産力で生計を立てている以上、無関心ではいられない。

そして、時を得たかのように樹木医吉岡武雄氏、そして広葉樹文化協会との出会いがあった。

吉岡氏はタフなロマンチストで、お生まれは山梨県、現在は鳥取市に在住だが、仕事の都合で隠岐西ノ島に単身赴任中。

広葉樹文化協会は、会員数八百人を越える広葉樹を愛する人々の組織で、鳥取市に本部を置く。会長は鳥取大学を退官された岸本潤先生。活動内容は、植樹会、勉強会、雑木林を楽しむ会、機関誌の発行など。

そしてなんと「西ノ島で広葉樹文化協会の隠岐大会をやるから、実行委員長になってくれ」と、この樹木医先生、がおっしゃる。

よほど、私はお人好しの顔をしているらしい。少しばかり飴をなめさせてもらったことだし、参加させていただくという意味で引き受けたが、居心地はよくない。居心地はよくないが、我が西ノ島町内における松枯れの状況は惨憺たるものである。自分なりに改善に絡めたい。

イワガキの養殖

アメリカでは、市民権を与えるときに「あなたは大統領になれるか」と聞くらしい（？）。

答えはイエスとノーだけである。

日本海に浮かぶ小さな島、隠岐西ノ島町は、ごく一部を除いて昔から牛馬の放牧と畑作のローテーションを組んだ牧畑という制度を続けてきた。もちろん、畑作に適さない場所などには、松、杉などが植えられた。

畑作の方は戦後まもなく消滅し、現在は放牧のみが残っている。つまり自然林などほとんど存在しない。手つかずの自然は人の手の届かない崖や、一部聖域視されている限られた場所だけにしか残っていない。

隠岐の自然を守るだけでなく、「みんなで利用できる人工林を作りましょう」という広葉樹文化協会の呼びかけに、実にうまくはまると私は思っている。

何をどのように植えるかは、専門家にご指導いただこう。手に鍬を持ち、一年に一度くらい山で汗をかいてみるのもいいと思う。また、種をまくという方法もある。

よくは知らないが、勝手に木の苗を生産してはいけないと言うような法律があるらしい。勝手に貝類の種苗生産で飯を食っている者にとっては、とんでもない法律だと思う。とんでもない法律は無視することにしている。今後、事情の許す限り、毎年冬の間木々の命をはぐくむ作業を繰り返すつもりでいる。

広葉樹文化協会隠岐大会はもちろんセレモニーである。薮の中に入っていってへとへとになる作業などない。西ノ島総合運動公園のきれいに手入れされた斜面に、五百本ほどの苗木を大勢の人で植えたり、海の幸を楽しんだり、フォーラムに参加したり、また好きな人はクルージングにも参加できる。六月十二日～十三日の広葉樹文化協会隠岐大会に興味のある方、参加したい方、私のホームページ(http://www2.ocn.ne.jp/~pecten/)へアクセス！

隠岐の活動に参加して

（園　久美子）

早いもので、隠岐の皆様と西ノ島総合運動公園の下刈作業のお手伝いをして、一年が過ぎようとしている。私のことは、会員の吉岡さんが、隠岐からの便り(Forest Art No.20)の中で紹介してくださったのでご存知の方もいらっしゃると思う。

私はあの隠岐での下刈体験で、植樹した木は自力で大きくなるまで、手入れをしなくてはいけないことを知り、次回、お手伝いする日まで私なりに樹木に親しんでおきたいと考えた。それでまず、住んでいるマンションの「植栽愛護部会」に入った。我がマンションでは経費節約のため、敷地内の植栽は、植栽の技術を学ばれた方を中心に住民ボランティアが月二回ほど手入れをしている。

筆者

それまでは、マンション敷地にどんな木があるか関心がなく、花が咲いていても実が成っても通り過ごしてきたが、自分が手入れをするようになるとその後の成長がすごく気になる。木は大抵期待以上にりっぱに葉を生い茂らせ、その生命力の強さに驚かされる。また、剪定作業は単調でつまらないと想像していたが、思いのほか自分の心が癒されていることに気がついた。

まだ始めて一年足らずだが、無理せず楽しく続けていきたいと思う。隠岐ではカマも使えない私だったが、次回はもう少しお役に立てると思う。

また、豊かな海を作る林に興味を持ち、梅雨の頃、神奈川県真鶴の魚付き保安林を訪れた。人間はジメジメした蒸暑さに辟易してしまう頃だが、葉の緑が濃くなる木々は、一年で一番生き生きしているように見えた。真鶴の魚付き林は、昔から御林と呼ばれて、人々に親しまれているそうだが、樹齢数百年の広葉樹の大木がたくさんある原生林だった。くねくねと曲がりくねった枝、海からの風で向きを変えながら伸びた結果だそうだが、自然の芸術は眺めていて飽きない。

御林の遊歩道は落ち葉で覆われ、かき分けても土が見えないほどで、歩くとふわふわと気持ちよい感触だった。鬱蒼とした林の木々の間から射し込む木漏れ日は、どこか懐かしい光景だった。そこでは子供のように素直になれそうな気がした。

ずっと後になって、その時の不思議な懐かしさは何だったのか思い出した。それは、私がまだ小学校に上がる前、近くの雑木林に遊びに行ったときのことである。あまり出歩かない私は、その場所へ行くのは初めてで、高い木に囲まれ周りが見えない薄暗い道を歩く間不安な気持ちだった。と、突然木漏れ日が射して、明るい場所に出た。その木漏れ日がとても優しく、子供心に、ホッとしたのを覚えている。木を切った後地だったのだろうか？　結局、その場所へは一回行ったきりで、私には木漏れ日の射し込む光景だけがずっと心に残っていた。

真鶴の御林の懐かしさは、あの時のほっと心が和んだ感覚を思い出したからかもしれない。

秋には、中上さんの真似をして、苗木を育てようと思い近くの雑木林でドングリを拾った。その苗木を隠岐に持っていって、植樹したいという願いは、種々の理由により叶わなかったが、なんでもかんでも植樹すれば良いというものではないのであろう。

隠岐での体験をきっかけに、隠岐の皆さんの活躍を見守るうちに、この一年で少し木に関心を持つようになった。交流を続けながら、皆さんの活躍を応援し、時々お手伝いに行きたいと思う。そして、隠岐の海が益々豊かな幸を生み出すように願っている。

（岸本　潤）

雑木林句会

広葉樹文化協会は、雑木林を単にモノ資源、環境資源として位置づけるだけでなく、文化的資源としても意識的にとり組もうという考え方に立っている。雑木林の存在価値を積極的に再認識するひとつの具体的な活動として、四季の雑木林を歩く会で俳句をつくることを考えてみた。

雑木林句会は、平成三年の秋の行事を初回とし合計六回実施した。恒例行事のあとにやるため、十分な時間がとれなかったが、折角各地の雑木林を訪ねるのだからということで、希望のある限り企画した。実施は決してムリをしないで、会場などの都合を考えて実行した。一日の行事のあとで、疲れもある中なのに、参加のみなさんはいつも大変意欲的で、愉快に楽しい句会をもつことができた。

紅葉の雑木林を歩く会（H三・十一・三）

大山寺句会

奥宮の天の明るし橅黄葉　松本　草戊
子らの声雑木紅葉にちらばれり　太田烏吐児
金門の奥に広がる山毛欅黄葉　富士原睦伴
勤行の鐘黄落の刻急かす　馬場　虎子
前景に弓ヶ浜置く紅葉山　河上　方子
紅葉路前だれ赤き地蔵さま　宮石とめ江
山ホテル夕かなかなを遠くきく　湯村　澄江
鐘の音や山を包みて秋深む　生田　渓山
山毛欅林のもみぢ明りにきく鳥語　逢坂喜代政
深庇残る宿坊照紅葉　黒田　邦枝
樹々のみないのち燃やして紅葉す　沢田　有湖
阿弥陀堂開かずの扉紅葉冷　大西三枝子
一木の天狗倒しや紅葉冷　逢坂　澄子
宿坊の餌台につと五十雀　杉本みつる
大山を讃へし露の文学碑　原　千舟

匂ひくる雑木紅葉や石畳　和田　湖風
山毛欅黄葉明るき伯耆大山寺　岸本　砂郷

万緑の雑木林を歩く会（H八・七・二八）

三徳山三仏寺句会

万緑の山ふくらます樹語鳥語　田住　政子
炎天を来て老杉の下へ寄る　土井　衍子
万緑の木洩れ日を踏み磴のぼる　船越　貞子
石仏や暑さ知らずの笑みたたへ　吉谷　康子
緑蔭と谷のせせらぎ風涼し　本庄　昌子
御僧の額に汗や長説法　和田　妙子
堂の灯の揺れつつ河鹿説かれゐる　原田　君枝
蝉しぐれ瀬音となりて渓下る　津村　博典
山寺の句会晩涼深みゆく　藤井　茂
ひぐらしの声降り止まず三仏寺　福嶋　泰夫
ひぐらしの鳴きつれ風の三仏寺　岸本　砂郷

平成十五年からは雑木林句会は誌上句会とし、四季の行事に参加した俳句同好の人たちの投句を機関誌上に登載することにしました。

万緑の雑木林を歩く会（H一五・七・二七）

船上山句会

蝉しぐれ武者の声きく古戦場　吉谷　康子
大樹より湧くがごとくに蝉時雨　小倉　厚子
風渡る山の草原せみしぐれ　吉岡　木堂
蜩の声透きとほる峠茶屋　稲橋　孝子
谷渡る風に老鶯息づきて　岸　しげこ
万緑や樹林に細き径つづく　漆原八重子
万緑や海へ張り出す屛風岩　永見　松明
万緑の岩肌包む船上山　松本美佳子
万緑の風渡りゆく屛風岩　植田さなえ
万緑の風吹き通る風呰　岸本　砂郷

新緑の雑木林を歩く会（H一八・四・二三）

四季の森句会

里山の白き花風土手を吹く　岸　しげ子
辛夷散る卍崩しの梢かな　永見　松明
碇草明るき森に濃く淡く　石谷かずよ
たけのこの影まだ見えぬ藪の中　吉岡　木堂
空手形筍掘りの鍬をおく　吉谷　康子
森手入春の野点に憩ひけり　山本　小品
若葉時森のドームは緑色　漆原八重子
黄水仙南斜面に咲き揃ふ　福安　芳子
縄文の森を抜けきし黒揚羽　岸本　砂郷

紅葉の雑木林を歩く会（H一八・一〇・一四）

下鴨・糺の森句会

神域の砂利踏む音ぞ秋高し　赤木　申山
秋うらら巨樹さわさわと京の杜　横川　康春
水澄める糺の森に深呼吸　房安　栄子

下鴨の森の風みち秋日和　増井ゆり枝
佇めば糺の森の秋の声　松本　晶子
木漏れ陽の糺の杜にある秋思　山口はるゑ
秋の水とほして昏き京の杜　野田　哲夫
秋冷をしづかに流す泉川　岸本　砂郷

裸木の雑木林を歩く会（H二〇・一・二七）

倒木の閉ざして冴える多鯰ヶ池　赤木　申山
多鯰ヶ池地下水脈の底冷ゆる　石谷かずよ
鳥貝はぐくむ無風帯の池　石山ヨシエ
黒き鏬絡む冬空雑木山　野田　哲夫
人声に摘まれて赤し冬苺　松本　晶子
冬日浴び雑木林の寝息聴く　横川　康春
伝説の池しんしんと冴え返る　岸本　砂郷

ブラジルの俳句——自然との対話——〃アマゾンに冬あり〃

（岸本砂郷）

ブラジル鳥取県人会創立五十周年記念式典に際し、記念俳句大会を開催するので、鳥取県俳句協会からも参加して欲しいという、西谷博鳥取県人会長の招待状が届き、とっとり国際塾、鳥取ブラジル会の土井康稔副会長等のご斡旋もあり、平成十四年十一月二十日から十二月二日にわたる私の訪伯が実現した。

西谷会長は本会の特別会員。平成十三年の広葉樹文化協会創立十周年記念植樹に参加して頂いた因縁もあり、鳥取の国民文化祭俳句部門に多数のブラジル俳人の投句（一二一七名）があったこと、また、かねてアマゾンの熱帯雨林にふれてみたいという気持があったことなど、傘壽に近い私も体力を危懼しつつ訪伯を決心したのだった。

実は鳥取の国文祭を通じて、ブラジルの俳句がどうしてこんなに盛んなのか不思議だった。しかし今回の訪伯の見聞によりその謎はとけた。

昭和二年、高浜虚子の直弟子で新潟の佐藤念腹なる人が三十才にしてブラジルに移住し、サンパウロ州アリアンサで開拓のかたわら、虚子の花鳥諷詠一すじの俳句普及につとめたことに、ブラジル俳句隆盛のルーツがあるというのである。

念腹は、水原秋桜子がホトトギス誌上で「北陸の鬼才」と仇名したほどの逸材だったという。

虚子は念腹のブラジル移住に際し、「畑打って俳諧国を拓くべし」という句を贈って励ましている。念腹のブラジル国での俳句普及への精励ぶりが想像できる。

渡伯四日目、十一月二十三日記念式典に先だちサンパウロ市ブラジル鳥取交流センターで約百五十名の在伯俳人の参加者により、記念俳句大会が盛大に開催された。

被講後、鳥取県俳句協会長として鳥取国文祭への投句支援に対しブラジル俳人のみなさんに謝辞を述べ、併せて鳥取県の俳壇状況などの報告を行った。

俳句大会入賞者の表彰式は四時から、県慶祝団一行の出席を待って、鳥取県知事賞以下各賞の授与式を行った。

帰鳥後、選者として同席した星野瞳氏(俳誌子雷主宰・ホトトギス同人)から航空便が届き、大会での砂郷の挨拶のスナップ写真と入選句登載のニッケイ新聞が同封してあった。

その十二月五日号には、〝鳥取県人会「日本から客迎え俳句大会」として「国民文化祭の延長のよう」〟という大見出しがついていた。

十一月二十四日、記念式典に出席。このあと慶祝団一行と別れ、アマゾン行きは俳句仲間の山本小品氏ほか総勢十名。二十五日より三泊四日の日程でブラジル北部アマゾンの中枢都市マナウスへと向かった。

マナウスで私たちは思いがけないアマゾンのガイドに出会うことになった。ガイドの名は東博之(俳号比呂)、石川県出身、十四才で両親とマナウスに入植、現在六十才と自己紹介。東比呂さんは、平成十三年の群馬国文祭で、稲畑汀子氏の特選に入選したという。

その入選句は「自慢にはならぬ日焼を自慢して」である。奇縁であった。

アマゾン流域を耕して四十有余年。その熱帯ぐらしで日焼した赤銅色の面構えも精悍な壮年である。比呂さんは子供たちが成人（その長子は医師）したので今や悠々自適、ガイドを楽しむ余生とのこと。逞しくアマゾンに根づく日焼けの日本人なのである。

私はジャングルロッジの椰子の木陰で比呂さんといくつかブラジルの俳句談義をした。俳句は自然との対話。日本生まれの季語と、熱帯圏のブラジルの季語の関係に素朴な疑問があったのである。

かつて訪伯した高名の女性俳人が、「ブラジルには季節の変化がなくて可哀想」と言ったとか、ブラジル俳句に関する資料で読んだので、関連した質問をしたところ、東比呂さんは日焼の顔を綻ばせながら、「アマゾンにはアマゾンの季節があります」と笑った。

私が「それにしてもアマゾンにはまさか冬はないのでは……」と問うと、「アマゾンにも冬はあります」という。

「アマゾンの冬は六月初旬、その頃アンデス下ろしが冷気を運んで吹くとき、沼の魚が浮くことがあります。そんなとき私はアマゾンの冬を感じます。その頃気温は、十五度くらい。私だけかも知れないが、私はこの頃を私の冬とし、冬の季語「冬三日」としています」というのである。

なるほど、まさにブラジルの俳句大会から足をのばした熱帯雨林。アマゾン紀行は私に思わぬ出会いを準備してくれた。

大河また大河を加えるアマゾン河の圧倒的な量感。水の匂い、ジャングルに生きるインディオの素朴な暮らし方などなど、どの印象もただならぬものだった。

しかし、アマゾン三泊四日を案内してくれた〝日焼の俳人ガイド東比呂さん〟の「アマゾンに冬あり」のことばは、もっとも印象深く残った。

通りすがりの者が気楽に「季節の変化がなくて云々……」などと言うのは浅薄のそしりを免れないだろう。

狭い国土で、季節に手を加えすぎて四季の混乱する中に暮らす日本よりも、広い国土で一見単調な四季ながら、手を加えない大自然の季節の変化を、微妙に感じとる暮らしの方が、むしろよほど豊かな生き方かも知れないのである。

アマゾンに根づく日焼の日本人　　砂　郷

第9章　フォレストアートの実践家たち

※見出し末尾の数字はForest Art誌の号数と発行年

エゴノキで木彫十二支つくり——小椋昌雄さん　（FA4、一九九三）

鳥取県岩美郡の小椋昌雄さん（六十四）は、宝暦年間からつづく木工芸ひと筋の家系で八代目という。父幸治さんの昭和初期の考案になる木彫十二支は昭和三十九年辰年の年賀ハガキの図案に採用された実績がある。父幸治さんは樹風と号し俳句をよくし、八十七才まで仕事をつづけ九十二才で歿した。

昌雄さんは父の考案になる木彫十二支の原型を伝承してきたが、現代の居住空間に適応するよう大きさだけ一／二にしているという。

岩井は歴史のある温泉地であるが小椋さんの作品は主として県外からの注文が多く、東京方面四〇％、大阪方面三〇％、その他各地の民芸店など、固定客による需要が多い。木彫十二支は半世紀変わらぬデザインを守り、集中的に製作しているが需要に応ずることで手いっぱいという。

フォレストアートとしてとくに注目したいところは、原木にケヤキなどいわゆる銘木的材料を使うのでなく、雑木中の雑木ともいうべきエゴノキを使用していることである。父幸治さんはエゴノキの硬さ、やわらかさが十二支の細工に最適として採用し、ひたすらこれを使いつづけたのである。適材適所という言葉どおり、雑木として十把ひとからげにされるエゴノキが、小椋幸治さんによって「いのち」を与えられたのである。そこには原木と作者と作品のすぐれた出合いがあったと言えよう。

雑木林の木々の可能性を感じるのである。多彩な広葉樹は多彩な用途を与えなければ、役に立たないと言われてしまう。

小椋昌雄さんは、父の仕事を継承してすぐれた作品を世に出し、昭和六十一年に鳥取県の伝統工芸士第一号となった。今唯一気がかりは根気の要る手造り仕事の後継者問題であるが、明るい見通しもあるということであった。

（FA5、一九九三）

クリの木で漆器つくり――福富　章さん

岡山県真庭郡の福富章さん（六十四）は鳥取大学の蒜山演習林に技官として長らく勤務し、平成元年定年退職した人である。福富さんは今、地元に約六百年前（明徳年間・一三九〇〜一四〇〇）から伝承されながら、昭和初期以後衰微していた郷原漆器の復活に取りくんでいる。郷原漆器の復活に取りくむ福富さんの意欲には並々ならぬものがあるが昭和六十年、八十一才で亡くなった郷原漆器の最後の製作者・菱川通さんが福富さんの叔父さんであったことを聞けば納得がいく。菱川さんはすぐれた蒔絵師であったという。郷原は蒜山高原の一角にあって大山往来の宿場のひとつでもあり、多くの塗師屋が居た（明治以降二十戸、五十人を数えたときもあったという）。しかし時代の流れで、瀬戸ものやプラスチック製品が出回り、さらには漆の入手難などで昭和初年以降衰退していた。

郷原漆器は主として皿や椀をつくり、主に山陰地方に出荷し、岡山方面へも販売されていた。品質は鄙びた中にも優美、堅牢で、風土色を湛え手にやさしく馴染む食器である。

フォレストアートとしてとくに注目したいところは、原木に雑木中の雑木であるクリの木を使用し、タテビキに木取りをした生木の材を用いるところである。この材料と技法には、時間がゆっくりと流れていた時代の、土地に根ざすものを生かして使う庶民的な知恵を感じる。

福富さんは大学演習林の技官時代、本務のかたわら蛾に凝り、樹木に凝り、多くの立派な標本を作製し、また写真に凝る多芸の人であったが、今、第二の人生で父祖の血を感じながら漆器つくりに励んでいる。郷原漆器は平成四年、岡山県の郷土伝統的工芸品に指定された。目下福富さんの指導のもとに川上村歴史民俗資料館で後継者育成の活動もはじめられている。郷原漆器の新しい息吹が始まっているのである。

組木つくり——小黒三郎さん　（FA9、一九九五）

岡山県倉敷市の小黒三郎さん（五十九）は多摩美術大学の絵画科（油絵）の卒業。少年時代から絵が好きで、専攻は自由な創作活動をと考えて油絵を選んだとのことである。

ところが卒業後十二年ほど神奈川県の盲学校などで障害児教育にたずさわり、子どもの玩具や教具に関心を深めて、触察教具へ、木の仕事へと、制約の多いデザインの分野へ進んできたということである。

動物をテーマにした独特な表情の小黒さんの組み木は、見る人を思わず誘いこむ魅力をもって人気がある。

小黒さんは一九七九年デザインフォーラムに入選。一九八〇年ジャパンスタイル展（V＆A王立美術館、ロンドン）出品を機に渡欧以来、活動の場はヨーロッパにもひろがった。

そして一九八三年には「遊プラン」を創設して主宰し、一九八四年朝日現代クラフト展招待作品、匹見・木のパズルコンペ審査委員長、一九八八年に日本おもちゃ会議設立に参加等と活躍。

現在は日本クラフトデザイン協会会員、日本おもちゃ会議常任委員である。

著書としては『小黒三郎の組み木』（大月書店）ほか多数ある。

小黒さんの作品の原点は子どもたちの手指の感覚や機能を発達させるための教具であり、子どもが遊べるということを根底としている。

小黒さんの各地での組み木指導は、現代の日本の教育に不足している「自分でモノを創る」喜びを体験させるための大変重要な活動と思う。

フォレストアートとして、とくに注目したいところは、小黒さんが子どもにこだわり、木にこだわり、創意工夫して、木に無限の付加価値を生み出しているところである。

（FA10、一九九六）

市民参加の森つくり――中川重年さん

厚木市の中川重年さん（五十）は広島市生まれで横浜国立大学教育学部卒業。現在は神奈川県森林研究所の専門研究員である。

専門は応用生態学、造林学。とくに地場産業の利用をふまえた広葉樹の造林や雑木林の管理手法に造詣が深い人である。

中川さんは単に林業の試験研究、普及指導に止まらず、職域の枠を超えて、市民と森林、環境、文化に関わる問題に積極的にとり組んで多くの成果を挙げ、その活動は外国にまで及んでいる。

著書も『木のなかま』、『針葉樹』保育社、『木ごころを知る』はる書房、『日本の樹木 上・下』、『山菜』小学館、『ブナ帯文化』思索社共著、その他多数あるが、こうした著作の一方で市民運動の先導的活動をつづけている中川さんのバイタリティーには驚かされる。

みどりと隔絶された市民は、みどりを渇望しながらも具体的な接触の方法を知らず暮らしているが、中川さんはこれらの市民に身近な雑木林にとりくむ手法を手ほどきし、一緒に汗を流して誘導してきた。

雑木林は農耕社会との密接な共生関係を断たれて、いわば無用化してヤブ状になっているが、この雑木林に新しい価値、都市型生活者との共生のひとつのヒナガタをつくり出している。

こうした活動の中から、あのユニークで愉快な、根曲り間伐材による〝アルプホルン〟も生まれた。

フォレストアートとして注目したいところは、今ヤブと化し無用化している雑木林を、市民の楽しみの場として蘇生させているところである。市民の多くは、森を客人として利用することはあっても、森を当事者として蘇生させる手法を知らないのである。

中川さんのような森のエキスパートで柔軟な思考と行動力をもつ人こそが、これからの森のための必須の人材であると思う。

（FA11、一九九六）

「真の愛林家」——医院で手づくりの森——福嶋泰夫さん

学生時代に山岳部で植物、野鳥と親しくなった。昭和四十四年〜四十六年、第十一次南極観測越冬隊に参加。雪と氷の無機の世界で、緑に飢え餓えて林芸にのめり込むことになった。

病院と自宅の周辺をジャングルにしたいと考え続けて来た。南側の一〇〇〇㎡の田圃を造成して、大山にある植物を植えて大山植物園とし、患者さんのリハビリテーションに役立てたいと思った。東西に細長い土地の東側にキャラボクなどの高所の木を、西側にはシイ、カシ、ヤブツバキなど低所の木を植えることにした。

欝蒼たる手づくりの森

営林署の苗畑、植物園を日曜毎に廻って木を捜し、設計を楽しんだ。昭和五十五年秋より、業者の方々にお願いして植えて頂いた。造園は五業の手間に分けられる。木々を捜し、掘り上げ、運搬し、植えて結束し、管理する。管理は主に私一人で楽しんだ。

最初の冬は、強い北西の風で沢山の木が倒れた。吹雪の中、梯子に登って結束をし、根元に土の手入をした。この冬は異常低温で上がカチカチに凍結した。翌年の夏は潅水で多忙だった。スプリンクラー、ドリップホース、手持ちのホースの水遣りが朝夕の日課となった。雑草が生い茂り、小さい苗木は沈没してしまい、日曜日は草取りに這い廻った。

一～二年で大きい木は全滅した。山取りの一発掘りで根が良くなかったと思われる。設計ミス、私の怠惰、自然条件、土地がわるかった事などで多くの木が枯れた。テッポウムシに弱いものはナナカマド、シラカバ、ブナ、カエデなどで、根元に穴があきぐらぐらとなって倒れた。ゴマフボクトウはマユミ、イラガはカシが大好きらしい。ナツツバキは何度も挑戦したが不成功。マタタビはネコが爪をたてて枯れた。此方に移植しなければ枯れなくても良かったものをと可哀相だった。

山本紀康仏師にお願いして、枯れた木の各種で仏像を作って頂いた。また枯れ木でご近所とうちの子供を集めてカレーライス大会、焼芋大会を何度か行った。皆喜んでくれて、せめてもの慰めとなった。高価な薪だった。

そして、林は高い木が無くなりガランと荒れ野の様になった。森本満喜夫先生に御相談をし、アカメガシワ、オニグルミなど二次林の木を植えた。彼等はぐんぐん大きくなって、約五年で林全体が緑っぽくなり、園路が一部トンネルの様になり嬉しくなった。十年でセミの脱け殻を発見し感激した。土が次第に黒くなり、ミミズが多くなり、モグラのトンネルも出来た。

林間に焚火をして酒を暖め、夏はビールのジョッキを握って林の散策をすることは、この頃のわが最大の楽しみ、至福の時である。

当初、樹種は約百二十種であった。木の来歴を地図にして満足したこともあったが、直ぐに枯れたもの、何時の間にか消えたもの、他の木に付いて来たもの、鳥の糞から芽が出たもの、実生のものなど常に新陳代謝している。約十五年でジャングルの様相となった。大山にある自然の樹種をと拘ったため、口のわるい人は、汚らしい木ばかりだと言われるが、雪の中の堅い芽の厳しさ、新芽の日々に変化する面白さ、新緑、深緑、紅葉と四季の変化はこよなく楽しい。マンサク、ダンコウバイに始まる花暦を作ったり、写真を撮りまくった。フキノトウ、ウド、サンショなどの食料も楽しい。木の実、虫を食べに来る鳥の種類は多い。鳥の巣も見られ姦しい。夏はコゼミに始まる蝉時雨。クサヒバリ、エンマコオロギに始まる虫の音は晩秋まで続く。

現在の林は、一〇mクラスでカツラ、コブシ、ケヤキ、トチ、ヨグソミネバリ、カシ、マツなど。

（FA13、一九九七）

「トトリネット」の誕生――濱田美絵さん

上淀廃寺で全国的に有名な鳥取県淀江町は、真名井の名水と古代ロマンの町だが、この町の特産館「白鳳の里」（平成六年設立）で企画、運営を担当の濱田美絵さん（三十二）（米子市）は、大学卒業後、東京で約十年間、インストラクション（接遇一般）、コーディネーション（イベント運営）の分野で経験をつみ、横浜博、大阪花博などの中長期型イベント運営で活躍した才媛である。白鳳の里設立当初その才能を見込まれ帰郷して入社。現在同社の〝統括〟として活躍している。白鳳は「愛」を経営理念とするという新しいタイプの第三セクターだが、濱田さんはその明るく洗練された都会的センスで重責を見事にこなしている。白鳳の里の呼びものは名水の恵みにこだわる「とうふ」「そば」等自然食品を使った名水会席が人気メニューだが、もう一つの人気商品は、どんぐりを使った特産品〝どんぐりうどん〟クッキー、パンなど、自然環境保護と地域活性化のシンボル商品として話題を呼んでいる。濱田さんは昨年十二月、社外の協力者とはかり、ボランティアネットワークグループ「ト

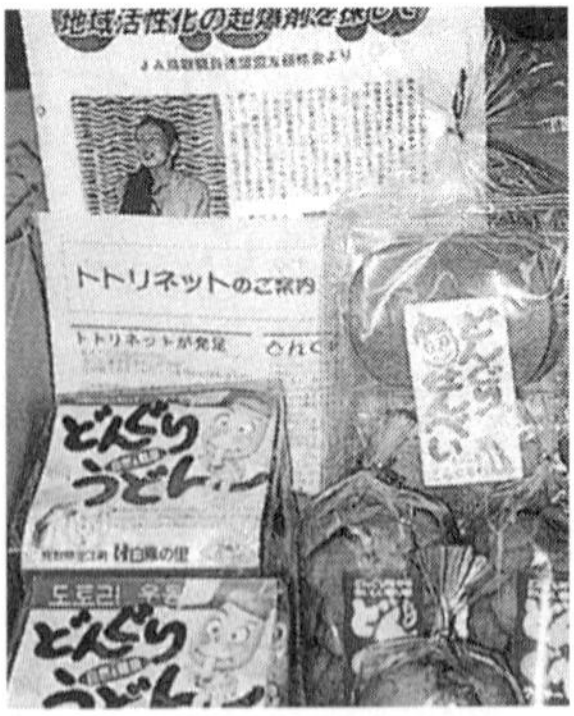

どんぐり食品

トリネット」を結成した。そして事務局を白鳳の里内におき、みずから事務局長を引き受け、多忙の上にさらに寧日なき活動を始めている。〝トトリ〟とは韓国語で〝どんぐり〟を意味することば、トトリネットは鳥取のどんぐりネットワークという国際交流の意味をもこめているわけである。

フォレストアートとしてとくに注目したいところは、どんぐりを新しい食文化の対象としてクローズアップさせるに止まらず、単なる〝ものづくり〟を超えて、環境的、文化的展開から〝人づくり〟まで視野に入れて活動の輪をひろげつつあるということである。（トトリネット事務局〔めぐみ内〕の連絡先：TEL〇八五九―三八―二一〇七）

種子から森へ――隠岐の水産養殖業者の挑戦――中上　光さん

（FA16、一九九九）

真夏の味覚の王者、「イワガキ」。その種苗からの生産に平成四年、日本で初めて成功した島根県隠岐西ノ島町の中上光さん（四十四）は、今広葉樹の森づくりに挑戦している。西ノ島では以前牛馬の放牧と畑作のローテーションによる「牧畑」をしていたが、昭和三十年代放牧だけになり、繁茂していたクロマツがほとんど姿を消した。中上さんは荒廃した山の緑化に苗木造林を試みたが失敗した。西ノ島の上はアルカリ玄武岩の風化物だが、その後播種による方法に変えてみて、多少の食害はあるものの期待できることがわかった。中上さんは「苗木を植えても、野兎、放牧のため成林し難いので、しっかり根を張る種からの方がいいと思う」と言い、「イワガキの種苗生産と、樹木の播種造林とは共通のところが多いと思う、一粒の種子から大きな樹木になり、その山からの水に含まれる栄養分でイワガキが育つと考えると、森づくりへの元気が出ます」と言っている。

西ノ島の海上はるか南、伯耆大山を遠望できるところに、航海の安全を守る「焼火（たくひ）神社」があるが、その周辺には島根県の天然記念物「極相林に移行しつつある自然林」がある。尚この西ノ島で、今年六月十二、十三日に、中上さんを実行委員長とする広葉樹文化協会・しまね支部主催の「森と人と海 in 隠岐」なるフォーラムが開催される。フォレストアートとして注目したいところは、中上さんが、土着の人の目線で、その土地に適う森づくり（自然回復）にとりくんでいるところである。

山に入った中上さん

イワガキ養殖

木材乾燥の新測定法――カップ法の開発――西尾　茂さん

（FA20、二〇〇一）

鳥取市の西尾茂さん（六十九）は、鳥取大学農学部林学科を昭和三十年に卒業後、鳥取県職員として工業試験場に奉職し、主として木材乾燥技術の試験研究と業界指導に従事された。

西尾さんは昭和四十六年、農林省林業試験場での長期研修時に、木材乾燥に対するカップ法という新しい手法を開発された。カップ法というのは、木材乾燥時に試験片自体が変形し、材の内部に発生する乾燥応力（変形量）を測定して、材種毎の乾燥特性をとらえる方法で、測定者による誤差が出ない特色があるとされている。

乾燥指導の西尾さん（左から２人目）

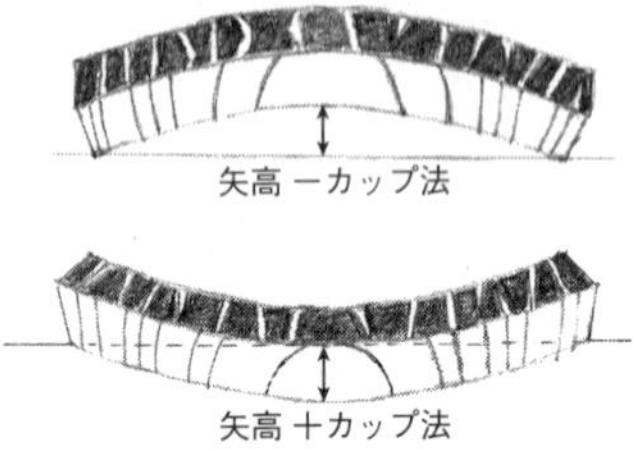

カップ法

このカップ法は、わが国はもとより諸外国でも乾燥技術に貢献する試験法として実証されている。西尾さんの研究成果に対しては、鳥取県知事表彰、日本木材加工技術賞、日本林業技術賞などを受賞し、昭和五十四年に京都大学から農学博士の学位を授与されている。

西尾さんは平成四年、鳥取県を退職後も全国木材業界の乾燥技術の指導に活躍しつつ、平成五〜八年には鳥取大学の客員教授として、木材乾燥技術の講義を担当。又平成六年には、(有)ウッドリサーチニシオを設立、代表取締役として多忙な日々を送迎されている。さらに同年には、三週間にわたりフィンランドの木材業界に招待されて、カップ法の研究指導に当たった。

フォレストアートとしてカップ法に注目するところは、木材の中でも、とくに複雑な組織から成る広葉樹の乾燥挙動を把握するために、きわめて有効な方法であるというところである。木材は適正な乾燥をしなければまともな加工利用はできない。簡易で明快な指標を与えるカップ法が期待される所以である。

（FA24、二〇〇三）

ポット苗のパイオニア――国忠征美さん

岡山県久米郡の国忠征美さん(五十八)は、地元の高校卒業後、緑化会社に入社。緑化工事や緑化樹生産を担当して活躍のあと、久米南町で独立された緑化用ポット苗の生産業者である。国忠さんは、緑化ブームの中で材料樹木め活着率の悪さに注目し、これを解決するためアメリカなどで普及していたポット苗(コンテナ苗)の技術をいち早く導入された。

現在日本植木協会のコンテナ部会(郷土種など)に属して活躍されている。

自宅の書斎には、アメリカ、中国、オセアニアをはじめとする渡航先で購入した緑化関係の書籍

国忠さんの緑化用ポット苗圃場

(原書)がずらりと並んでおり、氏の勉強ぶりがうかがえる。最近東京農大の緑化関係の教科書『みどりの環境デザイン』(本書は広葉樹文化協会でも受贈)の共著者にもなられた。

フィールドでは樹木医として、特に広葉樹の診断治療に、岡山県下をはじめとし県外各地に出張され、岩手県北上川畔等でも活動されている。

最近では河川環境の学習会などの講師として活躍され、そのわかり易い説明には定評がある。

氏の口癖は、「答は山の中にある」であり、常に現場の観察に根ざした視点が重要であると強調されている。まさに「Think Locally、Act globally・地域を考え地球的に行動する」の実践家である。

フォレストアートとして注目するところは、国忠さんがヤマザクラ、ナナカマド、シャシャンポ、ナツハゼなどをはじめ、多くの郷土種にいち早く着目し、その増殖、普及活動に尽力されているところである。

樽材のリサイクルとオークの植樹――加藤定彦さん　（FA25、二〇〇二）

サントリー(株)で樽づくり一筋に務めてこられた加藤定彦さん（六十六）のオーク（ナラ類）にかける思いはひとかたならぬものがある。大阪出身（現在は京都府長岡京市在住）の加藤さんは一九五九年に島根農科大学を卒業後サントリー(株)に入社されて以来、ウィスキーの樽に関係する仕事に携わってこられた。樽の材料となるのは、代表的な広葉樹であるオーク材でアメリカ産のホワイトオークやヨーロッパ産のコモンオークなどがあげられる。加藤さんは樹齢百年以上の樽材としてふさわしいオーク材を求めて現地を度々訪れ、すばらしいオークの樹林を見てこられた。そして樽工場の設計や建設、樽とウィスキーの熟成についての研究などに精力を注がれた。

オークの林に立つ加藤さん

　一九九五年に定年で退社されたが、再び生産研究推進部顧問として同社に迎えられた。そこで、五十〜七十年間の樽としての役目を終えた廃樽材のオークが、ほとんど燃やされてしまっていることに注目し、この廃樽材の再生利用開発の研究に取り組まれた。樽という独特な形状とアルコール分がしっかり浸み込んだオーク材のリサイクルには、多くの困難があったが、ついに家具や内装材へのリサイクルに成功された。「樽ものがたり」というブランド名で商品化され格調高いオーク製品に生まれかわって市販されている。

この業績が認められて昨年第四十七回木材加工技術賞を日本木材加工技術協会より受賞された。フォレストアートとして特に注目するところは、オーク材を使うだけでなく樹木を育成しなければならないと、二十五年ほど前からオークの植樹に取り組んでこられたことである。毎年自らドングリを世界各地で拾い集めて苗を育て、その苗をオークの伐採地をはじめ可能なところに植樹してオークの樹林を育成していこうという、すばらしい実践家である。

（FA29、二〇〇五）

山陰の木地師——茗荷定治さん

茗荷定治さん（八十六）は、鳥取県八頭郡若桜町の出身。昭和九年、十六才のとき鳥取市の木地師・岡崎啓治郎氏の許で仕込修業。昭和二十年若桜町で茶道具を主とした木工挽物業を開業した。当時、鳥取市の著名な民芸指導者・吉田璋也氏の貴重な指導を得た。昭和二十四年以降、（財）日本工芸館・日本工芸展に人選のほか、昭和年代に数多くの入選・表彰・受賞歴があり、氏の精進ぶりと卓越した技術をうかがうことができる。平成に入ってからは、平成四年、日本木地師学会賞記（第一号）受賞。現代の名工「卓越技能章」（労働大臣）受章。平成六年勲六等瑞宝章受章。平成十六年には鳥取県指定無形文化財保持者（第一号）に認定されている。

工房にて

見事なけやき盆

茗荷さんと愛着の作品たち

吉田璋也氏により早くからすぐれた民芸品作りに開眼した茗荷さんは、木地のよさを生かす手法として、「何も塗らず、刃物を選び、よく研いで仕上げること」を心がけたとのこと。さらに「木は生きもの」なので「つかう」ところまで、愛着し手入れすることが大切であるとのこと、そうしてこそ木の魅力は増すとのことである。広葉樹の微妙な肌合いを追求しつづけた茗荷さんのことばは究極の挽物哲学と言えそうだ。

　取材中、茗荷さん作の茶筒の上に、そっと載せた蓋が自重でしずかに下がってゆき、ぴたりと収まる神秘的な気配には思わず息を呑んだ。正に名人芸の茶筒だった。

ハイブリッド薪ガス自動車の完成——国岡啓二さん

（FA30、二〇〇六）

国岡啓二さん（五十九）は、鳥取県智頭町の出身。昭和四十五年鳥大農学部（農業機械学専攻）卒業後、智頭農林高校教諭のかたわら、木質エネルギーの活用研究を進め、昭和五十六年独自の薪ガス発生器を製作。このユニークな研究は国際協力事業団（JICA）が注目するところとなり、スリランカへ派遣され、以後バイオガスエキスパートとして海外派遣がつづいた。又研究の成果は高等学校教科書「農業機械」の執筆ともなった。昭和六十三年には薪ガス自動車一号機を完成。この直後、国岡さんはその技術、指導力を見込まれ鉄骨工業の工場長として懇請され、郷里での恵まれた教職を退き福岡ドーム建設など、ドーム建設の陣頭指揮で約十年を過ごした。平成四年帰郷、平成九年薬局開設。この間初一念として温めていた薪ガス自動車二号機を平成十五年鳥取県一／二補助事業により完成し、同十七年生涯学習全国フェアに出展した。この二号機は鳥取市・日東内燃機工の米沢正美さん（五十八）の協力により「ハイブリッド薪ガス自動車」として、「大阪モーターショー」に出展の快挙を果たした。

フォレストアートの注目するところは、現代のクルマ社会に木質エネルギーを参入させる具体的提案が、国岡さんの初一念の結実で日の目を見はじめたこと、さらに米沢さんという絶好のパートナーを得たことにより薪ガスと化石燃料を対立するエネルギーでなく、共生するものとして結びつけている点である。

薪ガス自動車できた

元高校教諭の國岡さん開発

走行距離は70キロ可能

新聞での紹介

現代社会において忘れられている雑木林の賦活。かつてのエネルギー源としての木質エネルギーの価値・無限の可能性が大いに期待される。

木工ロクロの伝統技術に魅せられて——谷口かおりさん

（FA31、二〇〇六）

作品

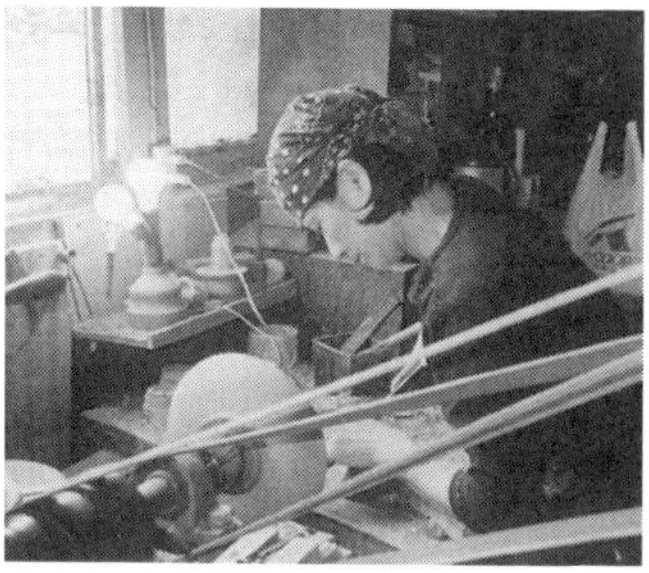

作業風景

谷口かおりさん(三十一)は鳥取市の出身。鳥取東高を経て宇都宮大学工学部建築学科を卒業後、一念発起して木工芸への進を志し、先進地飛騨高山の家具会社に入社。修行四年ののち、偶々新聞紙上で郷里鳥取県若桜町の木工轆轤《ろくろ》・伝統工芸士の山根粛さん(七十六)のことを知り、その作品の素晴らしさに魅了されて直ちに弟子入りを志願したという。直情径行の人である。谷口さんは高山から若桜町へ修行の地を移して黙々と技倆の練磨に日夜励んでいる。師匠の山根さんにきくと、若い女性のいきなりの弟子入り志望に戸惑い「こんな可愛い女の子にきびしい修業ができるかな」と思った由。しかし熱心さにほだされて弟子入りを許したとのことであった。以後すでにして五年、はじめは鳥取市から通勤、今は若桜町の町営住宅を借りて山根木工所に通う日々である。

彼女の作品は山根さんの指導で、茶道具、盆、椀等、挽物を主としているが、若者らしく現代感覚による子ども用遊具、玩具なども試作し、新しい分野への展開も柔軟に試みているという。

何よりも木を最高度に生かす木工技術の奥深さ、素晴らしさに夢中になって取りくむその若い瞳はきらきらと輝いて頼母しい限りである。

工業化社会の中で、いい材料とは言われながら意外に粗略に取り扱われている木材。フォレストアートとして注目するところは、マイナーと考えられがちな分野に入って黙々として腕を磨いている真摯な姿勢である。ひとつひとつの木と対話しながら、人間の日常生活にもっとも大切な真善美兼備の材料として世に出す仕事に取り組んでいる姿勢は森林活用の観点からも大いに評価される。

ユニークな女性木工轆轤工芸士の活躍が期待される。

(FA32、二〇〇七)

伝統的和紙の建築インテリアへの活用——中原　隆さん

中原隆さん(六十一)は、鳥取市青谷町生まれ。一九四七年和紙卸業を創業し、その後一九七四年和紙製造も始めた父治さんの跡を継いで一九八六年中原商店の代表取締役に就任した。

地元の仲間と伝統を守りつつ新たな分野の開拓につとめ、とくに和紙のよさを生活文化の中に表現することを開発理念とし、家具、照明器具などの製作でユニークな展開をして成果を挙げている。

中原さんが社長として掲げる目標は、①手漉き独自技術の自動化。②環境に安全な商品化。③家

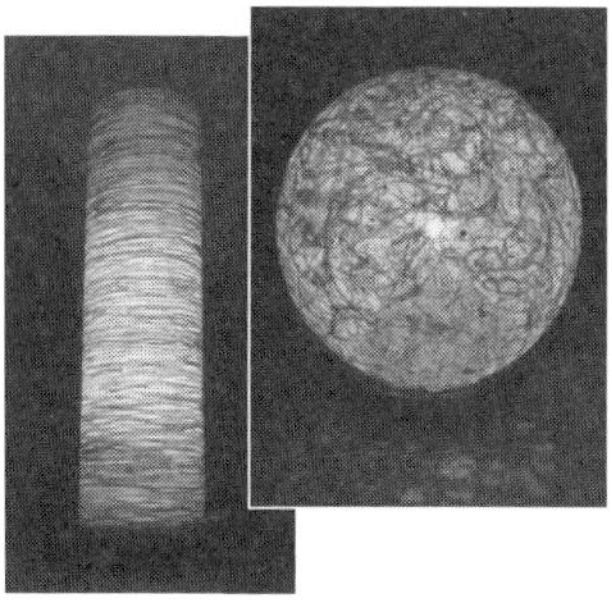

照明

手漉作業

業から脱皮し産業を目指す。④因州和紙・中原ブランドの確立など。

中原商店（十一名）では、常務の中原剛さん（五十八）が伝統工芸士で和紙の品質管理は万全であり、さらに新製法の開発につとめ、新用途への応用域をひろげる努力をしている。

また昨年から大学で経営学を専攻した社長の長男賢一さん（三十一）が帰郷し、自社ホームページを立ち上げ、情報蒐集、発信に威力を発揮しつつあり、新感覚による企画開発を加えている。

中原さんのオンリーワン技術の開発、因州和紙による環境ビジネスの創造は、同社の蓄積された伝統技術と経営両面のノウハウを土台に、国の内外、異業種とのコラボレーションなどと積極的な試行で話題を呼んでいる。

フォレストアートとして注目するところは、中原商店が伝統に立脚しつつ産業として立つ意欲にあり、里山の雑木林に着目して良質の地産靭皮資源を活用する展望も視野に置く姿勢である。

現在、放置状態の雑木林がこうした視点で有効活用へと進むことを大いに期待したい。

木質バイオマス活用への取り組み――中野　聡さん

（FA33、二〇〇七）

中野　聡さん（四十二）は、鳥取大学農学部林学科を平成元年に卒業、倉吉農業高校講師を経て平成二年より智頭農林高校教諭として勤務。以来十七年間、森林科学の教育及び木材加工の実習指導を担当してこられた。同校の「木質バイオエネルギー活用の足跡」によれば、中野さんが本研究にとり組むきっかけは、平成十三年国岡啓二氏（元智頭農林高校教諭、ハイブリッド薪ガス自動車開発者、本誌三十号参照）から、ペレットの存在を聞いたことにあったという。

同十四年、先進地岩手県の葛巻林業を視察し、ペレット利用の可能性、取り組みについて見聞、認識を深め、同年から智頭町の「新エネルギービジョン策定委員会」のメンバーに加わった。（この

菊川鉄工のペレット製造機

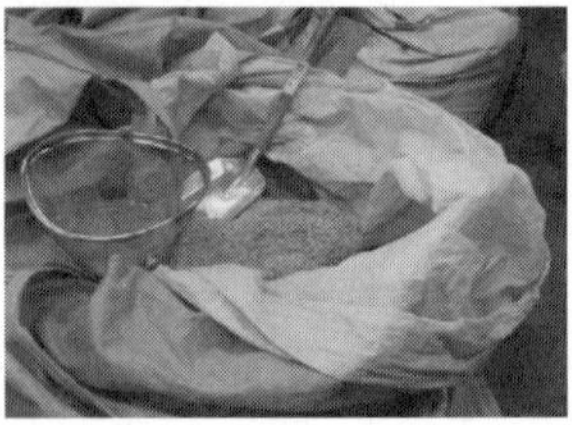
原料

ペレット

委員会には国岡氏のほか、ゼロエミッションで有名な鳥取環境大学教授の吉村元男氏も参画されておられた）これらの活動を通じて中野さんは、カーボンニュートラル理論による木質バイオエネルギー活用こそ喫緊のテーマであることを確信することになった。

平成十五年からペレット製造機の導入を県に予算要求し、十七年に実現。導入機は（株）菊川鉄工所製ＫＰ二八〇型。導入後基礎的製造データを積み重ね、製品ペレットの品質基準をクリアし、研究発表でも着実な成果を認められた。十八年七月にはエネルギー実践教育校の指定を受けた。

フォレストアートとして注目するところは、中野さんが、木質活用の夢のある分野に向け、Think Globally, Act Locally と唱えて着実に実績を積み重ねているところである。

（FA34、二〇〇八）

環境企業のバイオマス活用――赤碕清掃さん

鳥取県東伯郡の有限会社・赤碕清掃は一九六五年創業の環境企業で、現在環境・リサイクル・エコエネ・解体の四事業部をもつ社員五十五名の会社だが、最近（二〇〇七）エコエネ事業部に木質ペレット製造施設（金子農機製）を導入し活発な事業展開を始められている。エコエネ事業部長伊藤慎也さん（三十七）の案内で大山町で稼働中の木質ペレット製造施設を見学した。ペレットの製造能力は一〇〇〇kg／時、稼働はＡＭ九：〇〇～ＰＭ四：〇〇とし、専従二名でオガ粉製造、調湿、ペレット製造プラントの作動等をこなすとのこと。原材料は県内の五社から主として間伐材、製材端材等を集荷し、フル運転ではなく製造と販売のバランスをとりながら操業中であるとのこと。十九年度の実績はストーブ用ペレット等で約五〇ｔ／年。目下の目標は三〇〇～四〇〇ｔ／年。将来は県外も視野に九〇〇ｔ／年を目指すという。同社専務の岡崎博紀さん(三十五)にあとでコメントを頂いたが、凡ゆるものの循環利用が置き去りにされている世相の中、環境企業の現場で汗を流してきた会社として積極的にバイオマス活用にとりくむ情熱が感じられた。

　この会社の「廃棄物はゴミではなく宝物である」という事業ビジョンが強い印象として残った。日本の農耕が金肥、農薬、機械化によって一変し、共生してきた里山の雑木林は宝の山を抱えながら放置され途方に暮れている。

移動式破砕機

オガ粉製造

木質ペレット製造施設

フォレストアートとしてはこの雑木林の宝の山に木質バイオマス活用の視野が及ぶことを大いに期待したい。

あとがき

広葉樹文化協会の設立二〇周年記念として刊行された本書は、「広葉樹の文化」というユニークなタイトルになっていることに注目していただきたい。本書には会の創設者である岸本会長の、俗に雑木林と呼ばれる広葉樹林を見直して環境・資源・文化の面から活用しようという切々たる思いと、それに賛同する同士の執筆による機関誌「Forest Art」からの抜粋記事が盛り込まれている。

鳥取大学名誉教授の岸本会長は在職中演習林長に就任して、広葉樹林の重要性を認識し資源と文化を創造し教育する場として、大いに活用すべきであることを訴えてきた。そして、定年退職後賛同者を募って「広葉樹文化協会」を創設し、日本全国から海外にも及ぶ会員は五百人以上を数え、定例行事と機関誌の発行などの活動を行ってきた。また、岸本会長は「砂郷《さきょう》」という俳号で知られる全国的に著名な俳人で俳句の指導者であり、広葉樹文化協会の会員には俳句の同士が多数含まれている。したがって、会の活動には俳句を通した広葉樹の文化が溢れており、本書には「広葉樹と俳句」の項でその思いが述べられているほか、「雑木林句会」の項では会の行事で会員が創作した句が多数掲載されている。さらに、岸本会長は広葉樹の森づくりを園芸に対応して「林芸」と称して、創造した森は必ず保全と管理を行わなければならないことを提唱し、啓蒙してきた。このような背景のもとに本書の書名を「広葉樹の文化」とし、広葉樹林の多面的な機能と役割をアピールするように副題を「雑木林は宝の山である」として、英文書名は本協会のポリシーである「Forest Arts」とした。

冒頭の「広葉樹の文化」の項は岸本会長の広葉樹に対する思いと、木材識別の専門家である古川郁夫鳥取大学教授による古代人が使ってきた木材について、それぞれ書き下ろし執筆されたものである。その他の項は「Forest Art」に掲載された記事を元に編集されたものであるが、「暮らしと広葉樹」では種々の広葉樹を取り上げて、それぞれの専門分野からやさしい科学的なタッチで解説しており、我々の暮らしに役立つ情報となるであろう。「広葉樹を語る」の項では海外会員を含めた会員各位からの広葉樹や広葉樹文化協会に対する思いが語られており、また、広葉樹に纏わる注目すべき仕事や活動をしている人たちを「フォレストアートの実践家たち」として紹介している。

このように、本書は「名は体を表す」の言葉通り、極めてユニークな内容で構成されており、自然科学的な面と人文科学的な面が織りなされているので、あらゆる方面の方々に興味を持って読んでいただけるものと期待している。そして、読者はきっと広葉樹林に対する理解とその存在の重要性を認識していただけるものと思い、広葉樹の文化がさらに広く根付いて行くことを信じて止まない。

地球温暖化問題がクローズアップされて、その防止対策の担い手として森林が期待されており、中でも広葉樹林の役割が大きいことが認識されてきている今日、本書がその一端を担っていくことができれば幸いである。

広葉樹文化協会　副会長　作野友康

広葉樹文化協会

(Forest Art Association)

本　部
〒680-0062 鳥取市吉方町 2-353
Tel & Fax 0857-29-4747
E-mail kouyouju_bunkakyoukai@mail.goo.ne.jp
Blog http://blog.goo.ne.jp/kouyouju_bunkakyoukai

本協会は、現代社会の中で放置状態にあるところの最も身近な自然・里山の雑木林を見直して、環境・資源・文化の各面から活用する方法を模索する趣旨の呼びかけ「フォレストアート運動」に賛同する人々により、平成 3（1991）年 5 月 15 日に設立した任意団体です。平成 22 年 3 月 31 日現在の登録会員数は 518 名。

平成 22 年度以降は会費不要で、入会は自由です。入会希望者は本部まで連絡してください。

◉ 執筆者紹介

KISHIMOTO Jun
岸 本 潤　広葉樹文化協会会長・鳥取大学名誉教授

SAKUNO Tomoyasu
作 野 友 康　広葉樹文化協会副会長・鳥取大学名誉教授

FURUKAWA Ikuo
古 川 郁 夫　鳥取大学農学部教授

HASHIZUME Hayato
橋 詰 隼 人　鳥取大学名誉教授

TAKESHITA Tsutomu
竹 下 努　元鳥取大学農学部助教授

TANIOKA Hiroshi
谷 岡 浩　(有)杏林堂薬局会長

FUKUSHIMA Chieko
福 嶋 千 恵 子　福嶋医院

英文タイトル
Forest Arts

広葉樹の文化《こうようじゅのぶんか》
雑木林は宝の山である

発 行 日 ――――― 2010 年 5 月 15 日　初版第 1 刷
定　　価 ――――― カバーに表示してあります
編　　集 ――――― 広葉樹文化協会 ©
監　　修 ――――― 岸 本 潤
　　　　　　　　　作 野 友 康
　　　　　　　　　古 川 郁 夫
発 行 者 ――――― 宮 内 久

海 青 社
Kaiseisha Press
〒520-0112 大津市日吉台 2 丁目 16-4
Tel. (077)577-2677 Fax. (077)577-2688
http://www.kaiseisha-press.ne.jp
郵便振替 01090-1-17991

● ISBN978-4-86099-257-6 C0060